高等学校教材

大学化学实验

（第 3 版）

西北工业大学普通化学教学组　编

西北工业大学出版社

【内容简介】《大学化学实验》(第3版)的编写旨在培养学生的动手能力、科学素养和创新精神。其主要内容包括基础实验、提高型实验、研究创新型实验、虚拟与仿真实验和微型化学实验,书中部分新开发实验是近年西北工业大学自主研发的优秀教学成果。

本书可作为高等工科院校的实验课教材,也可供化学和化工类专业学生参考。

图书在版编目(CIP)数据

大学化学实验/西北工业大学普通化学教学组编 . —3 版 . 西安:西北工业大学出版社,2014.4(2023.8 重印)

ISBN 978 - 7 - 5612 - 3953 - 7

Ⅰ.①大⋯　Ⅱ.①西⋯　Ⅲ.①化学实验—高等学校—教材　Ⅳ.O6 - 3

中国版本图书馆 CIP 数据核字(2014)第 067820 号

出版发行:西北工业大学出版社
通信地址:西安市友谊西路 127 号　邮编:710072
电　　话:(029)88493844　88491757
网　　址:www.nwpup.com
印 刷 者:西安五星印刷有限公司
开　　本:787 mm×1 092 mm　1/16
印　　张:9.5
字　　数:237 千字
版　　次:2014 年 4 月第 3 版　　2023 年 8 月第 4 次印刷
定　　价:28.00 元

第3版前言

化学是一门实验性科学,无论是化学研究之目的:了解物质的结构、性质及其变化;还是从化学研究之应用:制备特种材料,利用化学性质和化学变化为生产和生活服务而言,脱离了实验都将一无所成。

西北工业大学普通化学教学组编写的《大学化学实验》(第3版)收录了基础实验、提高型实验、研究创新型实验、虚拟与仿真实验、微型化学实验等5大类共29个实验,力求由浅入深,由易到难,培养学生的动手能力、科学素养和创新精神,其中不少内容是近年来西北工业大学教学模式改革与创新项目的研究成果。

在传承第1,2版《大学化学实验》优点的基础上,第3版《大学化学实验》在内容安排上更加注重了方法的多样性,如在不同的实验中分别介绍了比色法、pH法、高效液相色谱法、目视催化法、配合滴定法等各具特色的实验方法。书中在一些实验后附加了扩展内容,以诠释、拓宽和深化实验中使用的技术和获得的知识,帮助和引导学生去研究问题。在第2版的基础之上,进一步完善了虚拟与仿真实验的内容,使之基本囊括了现代化学分析中常见的大型仪器。此外,书中还更新了化学实验的一般知识、基本操作和附录,以便于学生的查阅和自主解决问题。

本书的基本架构是根据教育部2012年提出的《大学化学教学基本要求》,由西北工业大学普通化学教学组在总结多年教学实践经验的基础上集体拟定的。全书共分六部分,第一部分由王欣(一~四),王景霞(五)编写;第二部分由岳红(实验一),吕玲、辛文利(实验二),欧值泽、高云燕(实验三),耿旺昌(实验四、五)编写;第三部分由吕玲、辛文利、王小荣(实验六),王欣(实验七、十),尹德忠(实验八),刘根起(实验九)编写;第四部分由苏克和(实验十一),岳红(实验十二),辛文利(实验十三、十四),钦传光(实验十五、十六),王欣(实验十七)编写;第五部分由胡小玲、管萍、苏克和、岳红、马晓燕、吕玲、张新丽(实验十八至二十五)编写;第六部分由刘根起、刘建勋(实验二十六至二十九)编写;其余内容由王欣编写并负责全书的统稿工作。从事普通化学教学的朱光明、费敬银、殷明志等也都对本书的编写提出了建设性的意见。

　　因编入本书新开发的实验较多,虽历经试点,但仍难免存在不当之处,敬请读者批评指正,以便不断改进和完善。

编　者

2014 年 3 月

目 录

第一部分　大学化学实验的一般知识

一、化学实验的目的和学习方法

（一）化学实验的目的

化学是一门以实验为基础的自然科学。实验是大学化学课程不可缺少的一个重要组成部分，是培养学生动手、观察、分析和解决问题等多方面能力的重要环节。通过化学实验应达到以下目的。

（1）巩固和加深课堂所学的理论知识，并适当扩大知识面，训练学生理论联系实际和分析、解决问题的能力。

（2）培养学生正确地掌握化学实验基本操作技能和正确地使用常用仪器，且培养学生独立操作及动手能力。

（3）通过实验现象的观察分析、测试数据的处理和撰写报告，使学生学会理论联系实际，培养学生独立思考的能力和科学的思维方法。

（4）培养学生严格认真、实事求是的科学态度，养成准确、细致、整齐、清洁的良好习惯，使学生逐步掌握科学研究的方法。

（二）化学实验的学习方法

要达到实验预期的目的，必须有正确的学习态度和学习方法。就共性而言，化学实验的学习方法主要有下述几点。

1. 课前预习

预习是实验课前必须完成的准备工作，是做好实验的前提。为了确保实验质量，预习应达到以下要求。

（1）阅读实验教材和理论课教材的有关内容，明确本次实验的目的和全部内容，弄清有关理论。

（2）了解实验操作过程和实验注意事项。

（3）查出与实验有关的数据，列出简明的操作步骤和方法，写出预习报告。

2. 认真操作

根据实验教材上所规定的方法、步骤和试剂用量来进行操作,并应做到以下几点。

(1)严格按照教材认真操作,细致观察实验现象,并如实做好记录。

(2)若发现意外现象,应独立思考、分析,查找原因,有疑问时可互相讨论或询问老师,并重做实验。

(3)对于设计性实验,方案要合理,现象要清晰。当在实验中发现设计方案存在问题时,应找出原因,及时修改方案,直至达到实验要求。

(4)严格遵守实验室工作规则,注意安全,实验中应保持安静和实验台整洁。

(5)实验完毕后,必须经过老师检查并签字后,方可离开实验室。

3. 写好实验报告

实验课后,按时完成实验报告,具体有以下要求。

(1)简述实验有关原理和主要反应方程式。

(2)实验步骤要简明扼要、清晰明了,尽量采用表格、框图、符号等形式表示。

(3)实验现象要描述准确清楚,数据记录要正确完整,绝不允许主观臆造或弄虚作假。

(4)对实验现象要加以简明的解释,写出主要的反应方程式,并得出结论。

(5)定量实验要准确计算结果,并列出有关计算公式,最后要计算百分误差且分析误差原因。

(6)实验报告应文字简练,书写整洁,结构完整。

二、化学实验守则和安全守则

（一）化学实验守则

（1）实验前必须进行充分预习,具体要求如下:

1)了解本实验的目的、实验原理及实验的主要内容。

2)了解实验所用仪器的正确操作方法和注意事项。

3)在预习基础上写出预习报告。预习报告包括实验目的、简单原理、实验步骤及数据记录等。并交指导老师检查。

（2）到实验室后首先熟悉实验室环境、布置和各种设施的位置,清点仪器。

（3）应在指定位置进行实验,保持室内安静,不大声谈笑。实验过程中应细心观察现象,认真并实事求是地记录实验现象和测量数据。积极思考,独立完成各项实验任务。

（4）实验仪器是国家财物,务必爱护,谨慎使用。

1)使用玻璃仪器要小心谨慎,如有损坏要报告教师,并根据情况予以适当赔偿。

2)使用精密仪器时,必须严格按照操作规程,遵守注意事项。若发现异常情况或故障,应立即停止使用,报告教师,找出原因,排除故障后再进行使用。

（5）使用试剂时应注意以下几点:

1)试剂应按实验指导书中规定的规格、浓度和用量取用,以免浪费。若实验指导书中未规定用量或自行设计的实验,应尽量少用试剂,注意节约。

2)取用固体试剂时,勿使其撒落在实验容器外。

3)公用的试剂在使用后应立即放回原处。

4)试剂瓶的滴管和瓶塞是配套使用的,用后立即放回原瓶。

5)使用试剂时要遵守正确的操作方法,避免污染试剂。

（6）指定回收的药品,要倒入回收瓶内;未指定回收的废液或残渣要倒入废液缸内,不可倒入水槽;废纸等应扔入纸篓内,以免腐蚀和堵塞下水道。

（7）注意安全操作,遵守安全守则。

（8）实验完毕应将仪器洗净,放置整齐并请教师检查。实验数据及记录须经教师当场审阅后,方可离开实验室。实验报告应按期完成并交教师批阅。

（9）值日生负责清扫实验室,关闭水、电、气总阀,经教师同意后再离开实验室。

（二）化学实验室安全守则

化学实验室中许多试剂易燃、易爆,具有腐蚀性或毒性,存在着不安全因素,因此进行化学实验时,必须重视安全问题,绝不可麻痹大意。在实验过程中,要严格遵守以下安全守则。

（1）实验室内严禁吸烟、饮食、大声喧哗、打闹。

（2）不得任意混合各种试剂药品,以免发生意外事故。

（3）对于产生有毒和有刺激性气体的实验,应在有通风设备的地方进行。嗅闻气体时,应用手轻拂气体,把少量气体扇向自己再闻,不能将鼻孔直接对着瓶口。

(4)对于含有易挥发和易燃物质的实验,必须在远离火源的地方进行,最好在通风橱内进行。

(5)加热试管时,不要将试管口对着自己或他人,也不要俯视正在加热的液体,以免液体溅出受到伤害。

(6)洗液、浓酸和浓碱等具有强腐蚀性,应避免洒在衣服和皮肤上,以免灼伤。

(7)使用汞盐、铅盐、砷盐、氰化物和氟化物等有毒物质时,要严防进入口内或接触伤口,也不能随便倒入水槽,应回收处理。

(8)稀释浓硫酸时,应将浓硫酸慢慢注入水中,并不断搅动。切勿将水倒入浓硫酸中,以免迸溅,造成灼伤。

(9)不要用湿手触摸电器设备,以防触电。用电应遵守用电规程。

(10)实验室所有仪器和药品(包括制备的产品)不得带出室外,用毕应放回原处。

(11)实验结束后,应将实验台面整理干净,洗净双手,关闭水、电、气、门、窗等,确保安全。

三、化学实验中意外事故的处理

（一）化学药品中毒的应急处理

1. 一般应急处理方法

化学药品中毒，要根据化学药品的毒性特点及中毒程度采取相应措施，并及时送医院治疗。

（1）吸入时的处理方法。应先将中毒者转移到室外，解开衣领和纽扣，让患者进行深呼吸，必要时进行人工呼吸。待患者呼吸好转后，立即送医院治疗。

（2）吞食药品时的处理方法。

1）为了降低胃液中药品的浓度，延缓毒物被人体吸收的速度并保护胃黏膜，可饮食下列食物：牛奶、打溶的鸡蛋、面粉、淀粉、土豆泥的悬浮液以及水等，也可在 500 mL 的蒸馏水中，加入 50 g 活性炭，用前再加 400 mL 蒸馏水，并把它充分摇动润湿，然后给患者分次少量吞服。一般 10～15 g 活性炭可吸收 1 g 毒物。

2）催吐。用手指或匙子的柄摩擦患者的喉头或舌根，使其呕吐。若用上述方法还不能催吐时，可在半酒杯水中，加入 15 mL 吐根糖浆（催吐剂之一），或在 80 mL 热水中溶解一茶匙食盐饮服。但吞食酸、碱之类腐蚀性药品或烃类液体时，由于易形成胃穿孔，或胃中的食物一旦吐出易进入气管造成危险，因而不要进行催吐。

3）吞服万能解毒剂（2 份活性炭、1 份氧化镁和 1 份丹宁酸的混合物）。用时可取 2～3 茶匙此药剂，加入一酒杯水，调成糊状物让患者吞服。

（3）药品溅入口内后，应立即吐出并用大量清水漱口。

2. 常见化学药品中毒的应急处理方法

（1）强酸（致命剂量 1 mL）。吞服强酸后，应立即服 200 mL 氧化镁悬浮液，或氢氧化铝凝胶、牛奶及水等，迅速将毒物稀释，然后至少再吃十几个打溶的鸡蛋作为缓和剂。由于碳酸钠或碳酸氢钠会产生大量二氧化碳气体，因而不要使用。

（2）强碱（致命剂量 1 g）。吞食强碱后，应立即用食道镜观察，直接用 1‰ 的醋酸水溶液将患处洗至中性。然后迅速服用 500 mL 稀的食用醋（1 份食用醋，加 4 份水）或鲜橘子汁将其稀释。

（3）氨气。应立即将患者转移到室外空气新鲜的地方，然后输氧。当氨气进入眼睛时，让患者躺下，用水洗涤眼角膜 5～8 min 后，再用稀醋酸或稀硼酸溶液洗涤。

（4）卤素气体。应立即将患者转移到室外空气新鲜的地方，保持安静。吸入氯气时，给患者嗅 1:1 的乙醚与乙醇的混合蒸气。吸入溴蒸气时，则应给患者嗅稀氨水。

（5）二氧化硫、二氧化氮、硫化氢气体。应立即将患者转移到室外空气新鲜的地方，保持安静。药品进入眼睛时，应用大量水冲洗，并用水洗漱咽喉。

（6）汞（致命剂量 70 mg $HgCl_2$）。吞服后，应立即洗胃，也可口服生蛋清、牛奶和活性炭作沉淀剂；导泻用 50%硫酸镁。常用的汞解毒剂有二巯基丙醇、二巯基丙磺酸钠。

(7)钡(致命剂量 1 g)。将 30 g 硫酸钠溶于 200 mL 水中,给患者服用,也可用洗胃导管注入胃内。

(8)硝酸银。先将 3~4 茶匙食盐溶于一杯水中,给患者服用,然后服用催吐剂,或者进行洗胃,或者给患者饮牛奶。接着用大量水吞服 30 g 硫酸镁。

(9)硫酸铜。将 0.1~0.3 g 亚铁氰化钾溶于 1 杯水中,给患者服用,也可饮用适量肥皂水或碳酸钠溶液。

(10)氰(致命剂量 0.05 g)。吸入氰化物后,应立即将患者转移到室外空气新鲜的地方,使其横卧,然后将沾有氰化物的衣服脱去,立即进行人工呼吸。

吞食氰化物后,同样应将患者转移到空气新鲜的地方,并用手指或汤匙柄摩擦患者的舌根部,使之立刻呕吐,决不要等待洗胃工具到来才处理。因为患者在数分钟内即有死亡的危险。

不管怎样,要立即进行处理。每隔 2 min 给患者吸入亚硝酸异戊酯 15~30 s。这样氰基便与高铁血红蛋白结合,生成无毒的氰络高铁血红蛋白。接着再给患者饮用硫代硫酸盐溶液,使氰络高铁血红蛋白解离,并生成硫氰酸盐。

(11)甲醇(致命剂量 30~60 mL)。可用 1‰~2‰的碳酸氢钠溶液充分洗胃,然后将患者转移到暗室,以控制二氧化碳的结合能力。为了防止酸中毒,每隔 2~3 h 吞服 5~15 g 碳酸氢钠。同时,为了阻止甲醇代谢,在 3~4 d 内,每隔 2 h,以平均每千克体重 0.5 mL 的量口服50%的乙醇溶液。

(12)乙醇(致命剂量 300 mL)。首先用自来水洗胃,除去未吸收的乙醇,然后一点一点地吞服 4 g 碳酸氢钠。

(13)酚类化合物(致命剂量 2 g)。吞食酚类化合物后,应立即给患者饮自来水、牛奶或吞食活性炭以减缓毒物被吸收的程度,然后应反复洗胃或进行催吐,再口服 60 mL 蓖麻油和硫酸钠溶液(将 30 g 硫酸钠溶于 200 mL 水中)。千万不可服用矿物油或用乙醇洗胃。

(14)乙醛(致命剂量 5 g)和丙酮。可用洗胃或服用催吐剂的方法除去胃中的药物,随后应服泻药。若患者呼吸困难,应给患者输氧。丙酮一般不会引起严重的中毒。

(15)草酸(致命剂量 4 g)。应给患者口服下列溶液使其生成草酸钙沉淀:

1)在 200 mL 水中溶解 30 g 丁酸钙或其他钙盐制成的溶液。

2)可饮服大量牛奶,也可饮用用牛奶打溶的鸡蛋白,起镇痛作用。

(16)甲醛(致命剂量 60 mL)。吞食甲醛后,应立即服用大量牛奶,再用洗胃或催吐等方法进行处理,待吞食的甲醛排出体外,再服用泻药。如果可能,可服用 1‰的碳酸铵水溶液。

(二)化学药品灼伤的应急处理

化学药品灼伤时,要根据药品性质及灼伤程度采取相应措施。

(1)若试剂进入眼中,切不可用手揉眼,应先用布擦去溅在眼外的试剂,再用水冲洗。若是碱性试剂,需再用饱和硼酸溶液或 1%醋酸溶液冲洗;若是酸性试剂,需先用碳酸氢钠稀溶液冲洗,再滴入少许蓖麻油。若一时找不到上述溶液而情况危急时,可用大量蒸馏水或自来水冲洗,再送医院治疗。

(2)当皮肤被强酸灼伤时,首先应用大量水冲洗 10~15 min,以防止灼伤面积进一步扩大,再用饱和碳酸氢钠溶液或肥皂液进行洗涤。但是,当皮肤被草酸灼伤时,不宜使用饱和碳酸氢钠溶液进行中和,这是因为碳酸氢钠碱性较强,会产生刺激,应当使用镁盐或钙盐进行中和。

（3）当皮肤被强碱灼伤时,尽快用水冲洗至皮肤不滑为止,再用稀醋酸或柠檬汁等进行中和。但是,当皮肤被生石灰灼伤时,则应先用油脂类的物质除去生石灰,再用水进行冲洗。

（4）当皮肤被液溴灼伤时,应立即用2%硫代硫酸钠溶液冲洗至伤处呈白色;或先用酒精冲洗,再涂上甘油。眼睛受到溴蒸气刺激不能睁开时,可对着盛酒精的瓶内注视片刻。

（5）当皮肤被酚类化合物灼伤时,应先用酒精洗涤,再涂上甘油。

（三）起火与爆炸的应急处理

实验室起火或爆炸时,要立即切断电源,打开窗户,熄灭火源,移开尚未燃烧的可燃物,根据起火或爆炸原因及火势采取不同方法灭火并及时报告。

1. 灭火方法

（1）地面或实验台面着火,若火势不大,可用湿抹布或砂土扑灭。

（2）反应器内着火,可用灭火毯或湿抹布盖住瓶口灭火。

（3）有机溶剂和油脂类物质着火,火势小时,可用湿抹布或砂土扑灭,或撒上干燥的碳酸氢钠粉末灭火;火势大时,必须用二氧化碳灭火器、泡沫灭火器或四氯化碳灭火器扑灭。

（4）电起火,立即切断电源,用二氧化碳灭火器或四氯化碳灭火器灭火(四氯化碳蒸气有毒,应在空气流通的情况下使用)。

（5）衣服着火,切勿奔跑,应迅速脱衣,用水浇灭;若火势过猛,应就地卧倒打滚灭火。

（6）遇有触电事故,应切断电源,必要时进行人工呼吸,对伤势较重者,应立即送医院。

2. 烧伤现场急救的基本原则

（1）迅速脱离致伤源。迅速脱去着火的衣服或采用水浇灌或卧倒打滚等方法熄灭火焰。切忌奔跑喊叫,以防增加头面部、呼吸道损伤。

（2）立即冷疗。冷疗是用冷水冲洗、浸泡或湿敷。为了防止发生疼痛和损伤细胞,烧伤后应迅速采用冷疗的方法。在 6 h 内有较好的效果。冷却水的温度应控制在 $10\sim15℃$ 为宜,冷却时间至少要 $0.5\sim2$ h 左右。对于不便洗涤的脸及躯干等部位,可用自来水润湿 $2\sim3$ 条毛巾,包上冰片,把它敷在烧伤面上,并经常移动毛巾,以防同一部位过冷。若患者口腔疼痛,可口含冰块。

（3）保护创面。现场烧伤创面无需特殊处理。尽可能保留水疱皮完整性,不要撕去腐皮,同时只要用干净的被单进行简单的包扎即可。创面忌涂有颜色药物及其他物质,如龙胆紫、红汞、酱油等,也不要涂膏剂如牙膏等,以免影响对创面深度的判断和处理。

（四）玻璃割伤的应急处理

化学实验室中最常见的外伤是由玻璃仪器或玻璃管的破碎引发的。作为紧急处理,首先应止血,以防大量流血引起休克。原则上可直接压迫损伤部位进行止血。即使损伤动脉,也可用手指或纱布直接压迫损伤部位即可止血。

　　由玻璃片或管造成的外伤,首先必须检查伤口内有无玻璃碎片,以防压迫止血时将碎玻璃片压深。若有碎片,应先用镊子将玻璃碎片取出,再用消毒棉花和硼酸溶液或双氧水洗净伤口,再涂上红汞或碘酒(两者不能同时使用)并包扎好。若伤口太深,流血不止,可在伤口上方约 10 cm 处用纱布扎紧,压迫止血,并立即送医院治疗。

四、化学实验的基本操作

（一）试剂的取用

1. 液体试剂的取法

（1）从细口试剂瓶取用试剂的方法。取下瓶塞把它放在台上。用左手握住容器，右手拿起试剂瓶，注意试剂瓶上的标签对着手心，倒出所需量的试剂，如图 1-1 所示。倒完后，将试剂瓶口在容器上靠一下，以免留在瓶口上的试剂流到试剂瓶外壁。必须注意，倒完试剂后，瓶塞须立即盖在原来的试剂瓶上，把试剂瓶放回原处。

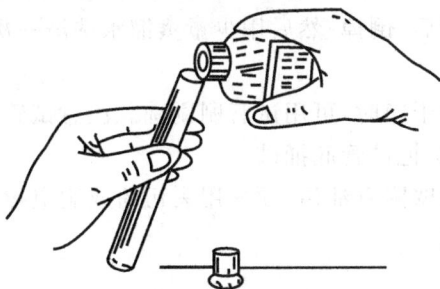

图 1-1 细口试剂瓶的操作

（2）从滴瓶中取用少量试剂的方法。瓶上装有滴管的试剂瓶称为滴瓶。滴管上部装有橡皮乳头，下部为细长的管子。使用时，首先提起滴管，使管口离开液面，用手指紧捏滴管上的橡皮乳头，以赶出滴管中的空气；然后把滴管伸入试剂瓶中，放开手指，吸入试剂；再提起滴管，将试剂滴入所需容器内。

使用滴瓶时，必须注意：

1）将试剂滴入试管时，必须将滴管悬空地放在靠近试管口的上方使试剂滴入，如图 1-2 所示。绝对禁止将滴管伸入试管中，否则，滴管的管端将很容易碰到试管壁上而黏附了其他溶液；如果再将此滴管放回试剂瓶中，则试剂将被污染，不能再应用。

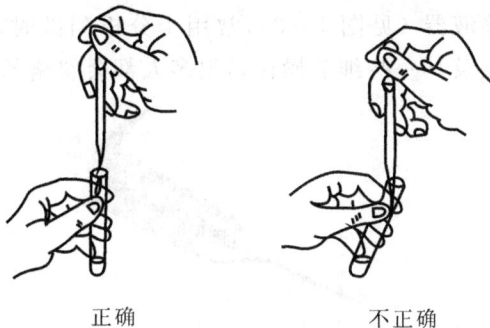

正确　　　　　　　　不正确

图 1-2 用滴管将试剂加入试管中

2）滴瓶上的滴管只能专用，不能和其他滴瓶上的滴管混淆，因此使用后，应立刻将滴管插回原来的滴瓶中。

2.固体试剂的取用

固体试剂一般都用药勺取用。药勺两端为大小两个勺，根据所取药量而选取。使用药勺，必须保持干燥、洁净。

（二）玻璃仪器的洗涤

为了使实验得到正确的结果，实验仪器必须洗干净。已洗净的玻璃仪器壁上，应只留下一薄层均匀的水膜，而不挂水珠。一般洗涤方法如下：

（1）在试管（或量筒）内，倒入约占试管（或量筒）总容量 1/3 的自来水，振摇片刻，倒出，倒入同量的自来水，再振摇片刻后，倒掉；然后用少量蒸馏水洗涤一次（必要时可增加冲洗次数），即可用来做实验。

（2）当试管用水不能冲洗干净时，可用试管刷刷洗。注意试管刷在盛水的试管里转动和上下移动时，用力不可过猛，以防把试管底捅破。

（3）若试管或玻璃仪器内壁附有油污，须先用去污粉或肥皂擦洗，再用自来水冲洗，最后用蒸馏水洗涤 1～2 次才可使用。

（三）量筒或量杯的使用

量筒或量杯是量取液体试剂的量具，其容量分为 10 mL,50 mL,100 mL,500 mL 等数种。使用时，要把量取的液体注入量筒中，手拿量筒的上部，让量筒竖直，使量筒内液体凹面的最低处与视线保持水平，然后读出量筒上的刻度，即得液体体积。

在某些实验中，如果不需要十分准确地量取试剂，可以不必每次都用量筒，只要学会估计从试剂瓶内倒出液体的量即可。

（四）移液枪的使用

移液枪又叫加样枪或移液器（见图 1-3），常用于分析测试时，量取少量或微量的液体。对于移液枪的正确使用方法及其一些细节操作是很多人都会忽略的。

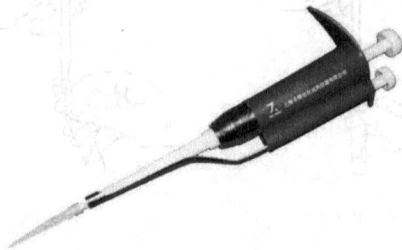

图 1-3　移液枪

1. 基本操作步骤

(1)设定移液体积。

1)从大量程调节至小量程为正常调节方法,逆时针旋转刻度即可;

2)从小量程调节至大量程时,应先调至超过设定体积刻度,再回调至设定体积,这样可以保证移液枪的精确度。

(2)装配移液枪头。

将移液枪垂直插入吸头,左右旋转半圈,上紧即可(注意:用移液枪撞击吸头的方法是非常不可取的,长期这样操作会导致移液枪的零件因撞击而松散,严重时会导致调节刻度的旋钮卡住)。

(3)吸液及放液。

1)垂直吸液,吸头尖端浸入液面 3 mm 以下,吸液前枪头先在液体中预润洗 2~3 次,确保移液的精度和准度(因为吸头内壁会残留一层液膜,造成排液量偏小而产生误差);

2)慢吸慢放,以防突然松开导致溶液吸入过快而冲入移液枪内腐蚀柱塞造成漏气;

3)放液时如果量很小则应使吸头尖端紧靠容器内壁(使用时要检查是否有漏液现象,方法是吸取液体后悬空垂直放置几秒钟,看看液面是否下降。如果漏液,则检查吸液嘴是否匹配和弹簧活塞是否正常);

4)可采用反向移液技术移取高黏度液体。

(4)吸有液体的移液器不应平放,枪头内的液体很容易污染枪内部而可能导致枪的弹簧生锈。

(5)移液枪在每次实验后应将刻度调至最大,让弹簧恢复原形以延长移液枪的使用寿命。

(6)移液枪校正。可用分析天平称量所取纯水的质量并进行计算的方法,来校正移液枪(1 mL蒸馏水 20℃时质量为 0.998 2 g)。

(7)移液枪严禁吸取有强挥发性、强腐蚀性的液体(如浓酸、浓碱、有机物等)。

(8)严禁使用移液枪吹、打、混匀液体。

(9)不要用大量程的移液枪移取小体积的液体,以免影响准确度;同时,如果需要移取量程范围以外较大量的液体,请使用移液管进行操作。

(10)如液体不小心进入活塞室应及时清除污染物;定期清洁移液枪外壁,可以用 95% 酒精或 60% 的异丙醇,再用蒸馏水擦拭,自然晾干。

2. 几种常用的吸液和放液方法

(1)正向移液法(适用于常规液体移取,见图 1-4(a))

1)将移液枪刻度或读数调至所需定量吸取的液体量值,并装上合适的吸头。

2)将按钮压至第一停点位置(有明显的阻滞感)并保持,以挤出吸头内空气,形成吸头内负压。

3)将吸头浸入待移取的液体液面下 2~3 mm 深处,然后慢慢松开按钮,液体在大气压强的作用下进入吸头内。待吸入要求量的液体后,将移液枪撤离液面,擦去吸头外侧的液体,注意不能接触吸头尖部。

4)将移液枪移至待加入液体的容器,让吸头位于容器液面的近上方。轻轻压下按钮至停点位置,让液体缓缓流出。待液体将流尽时,继续将按钮下压到第二停点位置,并让吸头尖部轻轻接触液面上方的容器壁,以免产生气泡。

5)继续按住按钮,撤出移液枪,并将吸头置于特定的盛污染吸头的器皿中,松开按钮至起始位置。如需继续吸液,则更换吸头,重复上述操作。

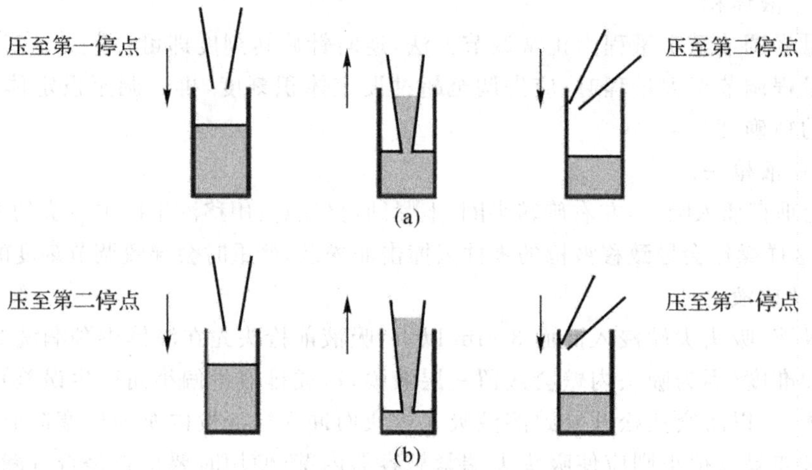

图 1-4　移液枪的吸液和放液
(a)正向移液法;　(b)反向移液法

(2)反向移液法(适用于高黏度液体或容易起泡液体的移取,以及极小量液体的移取。方法见图 1-4(b))

1)调好所需刻度,装上吸头后,将按钮向下压至第二停点位置。

2)将吸头浸入液面下 2～3 mm 深处,然后慢慢松开按钮吸入液体。吸液完成后,将吸头撤离液面并斜贴在试剂瓶的瓶壁上,以流去多余的液体。

3)轻轻压下按钮至第一停点,放出液体。

4)放液完成后,仍有少量不包括在移液量之内的液体留在吸头内,可将残留液体放回原来的容器中。

(3)重复操作移液法(适用于快速、简便地重复转移等量的同种液体)

1)调好所需刻度,装上吸头后,将按钮向下压至第二停点位置。

2)将吸头浸入液面下 2～3 mm 深处,然后慢慢松开按钮吸入液体。吸液完成后,将吸头撤离液面并斜贴在试剂瓶的瓶壁上,以流去多余的液体。

3)轻压按钮至第一停点位置,放出液体。待放液完成后,让按钮停在第一停点位置,不包括在移液量之内的少量液体仍留在吸头内。此时,吸头外的液滴应包括在移液量之内。

4)吸头浸入液面下 2～3 mm 深处,然后慢慢松开按钮重新吸入液体。

5)重复步骤 3)和 4),就可多次重复移取等体积的同种液体。

（五）移液管的使用

移液管用于吸取和放出一定体积的溶液,有单刻度和复刻度等多种规格。使用前应仔细洗净,并用少量待吸溶液润洗 2～3 次以除去留在管内的水分,保证被吸溶液的浓度不变。

吸取溶液时,用右手大拇指和中指拿住移液管上部,将移液管下部插入溶液,注意不要接触容器底,然后左手用洗耳球将溶液吸至刻度以上 1~2 cm 处,迅速用食指堵住移液管上口,提高移液管,使其下部尖端与瓶颈内壁接触,稍微放松食指(不要离开),让溶液慢慢流出,调节液面的弧形与刻度相切(注意:眼睛与刻线在同一水平上),立刻压紧上口,不再让溶液流出。将移液管垂直放入接受溶液的容器中,管尖与容器内壁接触,放松食指让溶液自然流下,使用移液管手法如图 1-5 所示。流毕,等候约 15 s,取出移液管。残留管尖的溶液,在校正刻线时已经考虑,不计在流出体积之内,所以不必用洗耳球吹出。

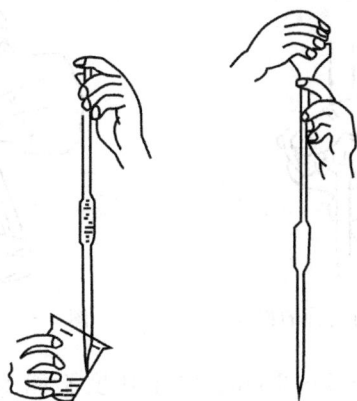

图 1-5　移液管的使用　　　　　图 1-6　滴定管

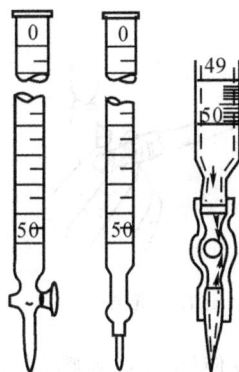

(六)滴定管的使用

滴定管是用来准确测量管内流出的液体体积的仪器,可准确测量到毫升数的第二位小数。常见的滴定管容量为 50 mL,25 mL,每一大格为 1 mL,每大格又分为 10 小格,每小格为 0.1 mL。在读数时,两小格之间应估计出一位数,因此滴定管能测量至 0.01 mL。

滴定管分为酸式和碱式两种,如图 1-6 所示。酸式滴定管下端带有玻璃旋塞,以控制溶液的流速。用它来盛放酸类溶液或氧化性溶液,不能盛放碱类溶液。这是因为磨口玻璃旋塞会被碱类溶液腐蚀,放置久了会被黏住。碱式滴定管下端连接一软橡胶管,内放一玻璃球,以控制溶液的流速。用它来盛放碱类溶液,不能盛放氧化性的溶液,如 $KMnO_4$,I_2 等,以避免与橡皮管起反应。

使用酸式滴定管前,先检查旋塞是否漏水,如果漏水或旋塞旋转不灵活,则将旋塞取下洗净,用滤纸将水吸干,然后分别在旋塞的粗端及旋塞套的细端(避开小孔),涂上很薄的一层凡士林(勿使凡士林堵住小孔或管尖),再将旋塞塞紧后旋转,用凡士林均匀涂在磨口上,至呈透明状为止;用橡皮圈套住尾部,以防脱落;最后再检查旋塞是否漏水。

(1)洗涤:依次用洗液、自来水、去离子水洗净,最后用少量所装溶液洗 3 次(每次都要冲洗尖嘴部分),每次液量为 5~10 mL。洗涤时要两手平端滴定管,不断转动,使洗涤液体布满滴定管。

(2)装液:把溶液装至滴定管零刻度以上。滴定管垂直地夹在滴定管夹上。酸式滴定管开启旋塞,碱式滴定管挤压玻璃圆珠。橡皮管稍弯向上,如图 1-7 所示,使滴定剂流出,赶走下端管嘴中积留的空气泡。

(3)滴定管的握持姿势及滴定操作:酸式滴定管用左手拇指、食指和中指旋转活塞,手心空握,如图1-8所示,以免顶出活塞使溶液从活塞隙缝中渗出;碱式滴定管用左手拇指和食指捏住胶管中玻璃球所在部位旁侧,轻捏软胶管,使胶管与玻璃球之间形成一条缝隙,如图1-9所示,溶液即可流出。但注意不能捏折玻璃球下方,否则在放手时会在玻璃管嘴中出现气泡。

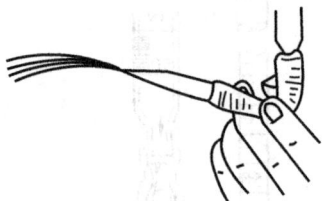

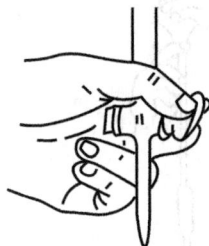

图1-7 逐出气泡法　　　图1-8 酸式滴定管的操作　　　图1-9 滴定操作

滴定时应使滴定管尖嘴部分插入锥形瓶瓶口下 1~2 cm。滴定速度不能太快,以 3~4 滴/s为宜,切不可成液柱流下,应边滴边摇。锥形瓶应向同一方向作圆周旋转而不应前后振动。临近终点时,应一滴一滴地加入溶液。

(4)读数:滴定前后均应记录读数,读数时应注意以下几点:

1)注入溶液或放出溶液后,需等待 1~2 min,使附着在内壁上的溶液流下后,才能读数。

2)对于无色或浅色溶液,视线应与弯月面最低点在同一水平面上,读此水平面所在刻度。对深色溶液,如 $KMnO_4$ 溶液,应观察液面最上沿。

3)为减少测量误差,每次滴定应从 0.00 开始或从接近零的任一刻开始。读数必须准确到 0.01 mL。

(七)容量瓶的使用

容量瓶是细颈梨形的平底瓶,带有磨口塞。颈部有标线,表示在所指温度(一般为 20℃)下,当液体充满到标线时,液体体积恰好与瓶上所注明的体积相等。容量瓶通常有 50 mL,100 mL,150 mL,250 mL,1 000 mL 等规格。容量瓶是配制准确浓度溶液的容量容器。

(1)洗涤:依次用洗液、自来水、去离子水洗净。洗净的容量瓶内壁应不挂水珠,水均匀润湿容量瓶内壁。

(2)转移:欲将固体样品配成准确浓度的溶液,应先将称好的样品放在小烧杯中,用水溶解,再定量地转移到容量瓶中。转移时用玻璃棒插入容量瓶内,烧杯嘴紧靠玻璃棒,然后用水洗烧杯 3 次以上,洗涤液按图1-10所示方法转移至容量瓶中。

如果要稀释浓溶液,则先用移液管吸取一定体积的浓溶液放

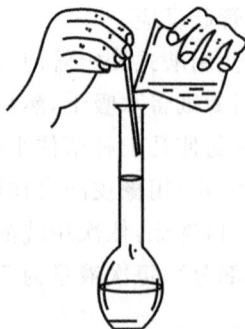

图1-10 转移溶液入容量瓶

入容量瓶中,再稀释至标线。

(3)加去离子水:在容量瓶中,加入去离子水至 3/4 体积,将容量瓶平摇几次(勿倒转),使溶液大体混匀,然后继续加去离子水至近标线 1 cm 左右,等待 1~3 min,使黏附在瓶颈内壁的溶液流下后,用滴管伸入瓶颈接近液面处,加水至溶液弯月面与标线相切为止,盖紧塞子。

(4)摇匀:左手食指按住瓶塞,右手托住瓶底,将容量瓶倒置数次(15~20 次)并加以振荡,以保证溶液的浓度完全均匀。

(八)沉淀的分离——过滤法

1. 普通过滤(常压过滤)的方法

当溶液中有沉淀而又要它与溶液分离时,常用过滤法。过滤前,先将滤纸按图 1-11 所示的虚线方向对折两次,得到 4 层重叠的扇形体。展开滤纸成圆锥体后,放入漏斗里,滤纸应与漏斗壁贴紧(为了使滤纸 3 层的那一边能紧贴漏斗,常把这 3 层的外面两层撕去一角)。用手按着滤纸,用蒸馏水把滤纸润湿,轻压滤纸四周,使其紧贴在漏斗上。

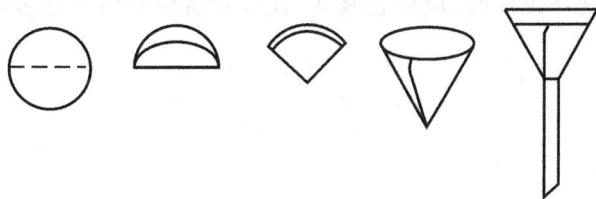

图 1-11　滤纸的折叠和安放

将贴有滤纸的漏斗放在漏斗架上,把清洁的烧杯放在漏斗下面,并使漏斗管末端与烧杯壁接触,这样,滤液可顺着杯壁流下不致溅出来。如图 1-12 所示,将溶液和沉淀沿着玻璃棒缓缓倒入漏斗中。过滤时必须注意,倒入漏斗中的液体,其液面应低于滤纸边缘 1 cm,切勿超过。

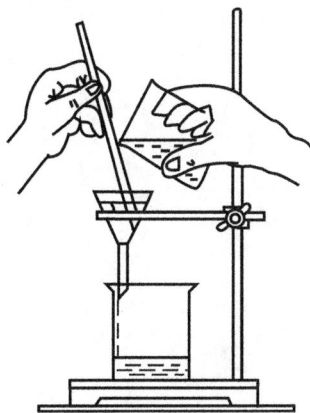

图 1-12　常压过滤

2. 吸滤法过滤（又称减压过滤或抽气过滤）

为了加速过滤，实验中也常采用吸滤法过滤。吸滤装置如图 1-13 所示。它由吸滤瓶、布氏漏斗、安全瓶和抽气装置（水泵或油泵）组成。

吸滤操作步骤：

（1）检查装置，安全瓶上装置安全阀，另外两个端口分别接水泵和吸滤瓶，布氏漏斗的颈口应与吸滤瓶的支管相对，以便于吸滤。

（2）贴好滤纸，滤纸的大小应剪得比布氏漏斗的内径略小，以恰好盖住小孔为度。先用少量蒸馏水润湿滤纸，再开启水泵，关闭安全阀，使装置内部气压减小，滤纸紧贴在漏斗的瓷板上之后，再进行过滤。

（3）在吸滤过程中，不得突然关闭水泵，以防水倒灌。停止过滤时，应先打开安全阀，无其他人使用水泵后方可关闭水泵。

图 1-13　减压过滤装置
1—布氏漏斗；　2—吸滤瓶；
3—安全瓶；　4—安全阀

（4）在布氏漏斗内洗涤沉淀时，应停止吸滤，让少量洗涤剂缓慢通过沉淀，然后进行吸滤。

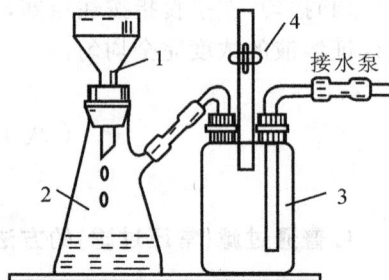

五、误差和数据处理

（一）误差的概念

1. 误差的概念

实验测量值和真实值之间总会存在或多或少的偏差,这种偏差就称为测量值的误差。受测量仪器的灵敏度与分辨能力的局限,加上环境的不稳定性和人的精神状态等因素的影响,在实验测量中所测得的一切数据都毫无例外地包含一定的误差。

（1）系统误差和偶然误差。误差可以被分为系统误差和偶然误差(随机误差)。

在同一条件下(观察方法、仪器、环境、观察者不变)多次测量同一物理量时,符号和绝对值保持不变的误差叫系统误差。当条件发生变化时,系统误差也按一定规律变化。系统误差反映了多次测量总体平均值偏离真值的程度。例如,用天平测量物体质量,当天平不等臂时,测出物体质量总是偏大或偏小;再例如,当手表走得很慢时,测出每一天的时间总是小于 24 h。系统误差可能由仪器、理论方法、外界环境和观测者在测量过程中的不良习惯而产生。

除系统误差以外,在同一条件下,多次测量同一物理量时,测量值总是有稍许差异而变化不定,这种绝对值和符号经常变化的误差称为偶然误差。偶然误差的规律性是,绝对值相等的正的误差和负的误差出现的机会相同;绝对值小的误差比绝对值大的误差出现的机会多;超出一定范围的误差基本不出现。在一定测量条件下,增加测量次数,可以减小测量结果的偶然误差,使算术平均值趋于真实值。因此,可以取算术平均值为直接测量的最佳值。

（2）绝对误差和相对误差。测量值与被测量真实值之差称为绝对误差,它反映了测量值偏离真实值的大小,有

$$绝对误差 ＝测量值－真实值$$

在同一测量条件下,绝对误差可以表示一个测量结果的可靠程度;但比较不同测量结果时,问题就出现了。例如:用米尺测量两个物体的长度时,测量值分别是 0.1 m 和 1 000 m,它们的绝对误差分别是 0.01 m 和 1 m,虽然后者的绝对误差远大于前者,但是前者的绝对误差占测量值的 10%,而后者的绝对误差仅占测量值的 0.1%,这说明后一个测量值的可靠程度远大于前者,故绝对误差不能正确比较不同测量值的可靠性。

绝对误差在真实值中所占的比例叫做相对误差,常以百分比表示,即

$$相对误差 ＝ \frac{绝对误差}{真实值} \times 100\%$$

相对误差与被测值的大小无关,通常用它来反映测量值与真实值之间的偏差程度。

2. 精密度和精确度

测量的质量和水平可以用误差概念来描述,也可以用精确度来描述。为了指明误差来源和性质,可分为精密度和精确度(或准确度)。

精密度与精确度是两个不同的概念。精密度是指在测量中所测得的数值重现性的程度,

它可以反映随机误差的影响程度,随机误差小,则精密度高。精确度指测量值与真实值之间的符合程度。它反映了测量中所有系统误差和随机误差的综合。

图 1-14 中,A 的系统误差小,随机误差大,精密度、精确度都不好;B 的系统误差大,随机误差小,精密度很好,但精确度不好;C 的系统误差和随机误差都很小,精密度和精确度都很好。

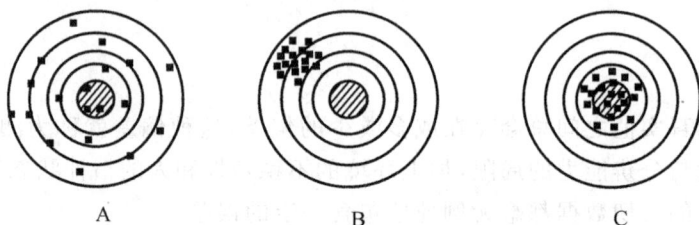

图 1-14　精密度与精确度

(二)实验数据的记录和有效数字

实验测量中所使用的仪器、仪表只能达到一定的精度,因此测量或运算的结果不可能也不应该超越仪器、仪表所允许的精度范围。反映被测量实际大小的数字称为有效数字。一般从仪器上读出的数字均为有效数字,它和小数点的位置无关。有效数字的位数是由测量仪器的精度确定的,它由准确数字和最后一位有误差的数字组成。

在测量时,对于连续读数的仪器,有效数字读到仪器最小刻度的下一位的估计值。不论估计值是否是"0",都应记录,不能略去。单位变换时有效数字的位数保持不变。有效数字只能具有一位存疑值(错误认识:小数点后面的数字越多就越正确,或者运算结果保留位数越多越准确)。例如:用最小分度为 1 cm 的标尺测量两点间的距离,得到 9 140 mm,914.0 cm,9.140 m,0.009 140 km,其精度相同,但由于使用的测量单位不同,小数点的位置就不同。

在有效数字的表示中,应注意非零数字前面和后面的零。0.009 140 km 前面的 3 个零不是有效数字,它与所用的单位有关。非零数字后面的零是否为有效数字,取决于最后的零是否用于定位。例如:由于标尺的最小分度为 1 cm,故其读数可以到 5 mm(估计值),因此9 140 mm 中的零是有效数字,该数值的有效数字是 4 位。

有效数字进行加、减法运算时,有效数字的位数与各因子中有效数字位数最小的相同。例如

$$397.8 + 7.625 - 312.419\,8 = 93.0$$

进行乘、除法运算时,两个量相乘(相除)的积(商),其有效数字位数与各因子中有效数字位数最少的相同。例如

$$78.625 \times 9.06 \div 11.38 = 62.6$$

在乘方、开方运算中,乘方、开方后的有效数字的位数与其底数相同。在对数运算中,对数的有效数字的位数应与其真数相同。

（三）实验数据处理和作图技术简介

在实验过程中,选择合适的数据处理方法,能够简明、直观地分析和处理实验数据,易于显示物理量之间的联系和规律性。常用的数据处理方法有列表法和作图法两种。

1. 列表法

使用表格处理数据时,需要注意标明物理量的单位和符号。设计表格要简单、明了,以便于分析、比较物理量的变化规律。

2. 作图法

从化学实验中获取的实验数据,可以用图形来表示这些数据的特点、数据的相关性、特殊性和变化规律。利用作出的图形,可以求取相关的各个参数,如直线的斜率、截距、外推值等,因此作图技术的优劣就决定了能否正确地表达科学实验的结果和实验误差。

常用作图法包括曲线图、折线图、直方图等,所用图纸有直角坐标纸、极坐标纸、对数坐标纸等几种。现在介绍直角坐标绘图要点。

（1）坐标轴及其比例的选择要点。使用直角坐标纸时,一般应以自变量为横坐标,因变量为纵坐标。横、纵坐标的原点不一定从零开始,坐标轴应注明所代表的参数名称和单位。一般将坐标轴表示的物理、化学量除以其基本单位后所得到的纯数字量作为坐标的单位量度。如某坐标轴表示物理量温度,其单位为 K（或℃）,若用温度除以基本单位 1 K（或 1℃）,其结果就成为纯数字量,利用纯数字量绘图更加规范化和方便。

坐标轴的比例大小应适宜,应把实验中取得的相关物理量的全部有效数字都表达出来。图中的最小分度值应与实验的分度值一致。

要使实验测量的数据点分散、均匀地分布在全图上,不使各点过分集中而偏于图中的某一部分,特别是边角部分。若所作图形是一条直线,需求其斜率、截距等数值时,则直线与横坐标的夹角应在 45°左右为宜,角度过大或过小都会导致较大误差。

用同一实验结果可作出 3 条直线图形（见图 3-15）。图 1-15（b）的图形绘制较为合理,图 1-15（a）的横坐标值误差较大,而图 1-15（c）则为纵坐标值误差偏大。

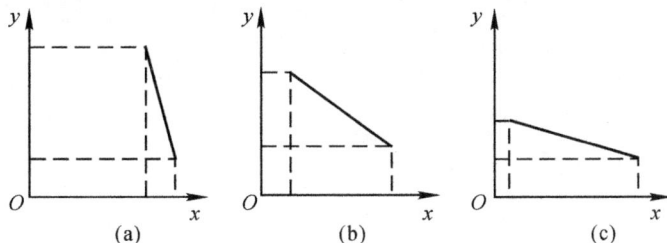

图 1-15　直角坐标中直线的作法

（2）图形绘制要点。根据实验数据在图纸中标出各点位置,按实际要求和各点的分布情况连接成直线或曲线,以表示相关物理量的变化规律。不必要求绘出的曲线（或直线）全部通过所有各点（因为实验中存在偶然误差）,只要尽可能地使各个点均匀地分布在线条附近即可。

若有个别点偏离太远,在有条件的情况下,应重新测量这个值。若不可能重新测量,则应根据整个实验在分析后取舍。一般线段应绘制成一条光滑的曲线(或直线),而不应绘制成折线(有间断点除外)。

　　(3)由直线图形求取斜率。对于直线图形,可用数学解析式 $y = ax + b$ 表示。按照两点式,其斜率 $a = \dfrac{y_2 - y_1}{x_2 - x_1}$。可在直线上任取两点(两点距离不宜太近),用这两点(或两组数据值)的 x 和 y 代入求解。若相距适宜的两组实验值均在直线上,亦可用此两组数据替代。

第二部分　基础实验

实验一　气体常数的测定

（一）实验目的

(1)掌握理想气体状态方程、分压定律的实际应用。

(2)了解影响气体常数测定结果准确度的主要因素。

(3)学习测定气体常数的一般方法,练习其操作。

（二）实验原理

理想气体是忽略了气体分子的自身体积,忽略了分子间相互作用力的假想状态。理想气体状态方程为

$$pV = nRT$$

对于真实气体,只有在低压、高温下,分子间相互作用力比较小,分子间平均距离比较大,分子自身的体积与气体体积相比微不足道时,才能近似地看成理想气体。通常情况下,有些真实气体,如 H_2,O_2,N_2,在常温、常压下能较好地符合理想气体状态方程。在一定的温度 T 下,通过实验测得 p,V,n,即可根据理想气体状态方程,计算得到气体常数 R。

本实验利用 Al 与稀盐酸在常温、常压下反应产生氢气,测定 R 值,正是基于氢气能够较好地符合理想气体状态方程,所产生的偏差较小。Al 与稀盐酸的反应为

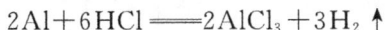

$$2Al + 6HCl \Longrightarrow 2AlCl_3 + 3H_2 \uparrow$$

用电子分析天平准确称取一定质量的 $Al(W_{Al})$,与过量的稀盐酸反应,在一定温度和压力下,由量气装置(见图 2-1)测量反应产生的氢气体积 $V(H_2)$,由反应方程式和铝的质量可计算出氢气的物质的量 $n(H_2)$,将这些数据代入理想气体状态方程中,即可计算得到气体常数 R 为

$$R = \frac{p(H_2)V(H_2)}{n(H_2)T}$$

其中

$$n(H_2) = \frac{3W_{Al}}{2M_{Al}}$$

式中　W_{Al}——铝片的质量;

　　　M_{Al}——铝的相对原子质量。

$$V(H_2)=V_2-V_1$$

式中　V_1——反应前量气管的体积；

　　　V_2——反应后量气管的体积。

由于氢气是在水面上收集的,其中必混有水气,由分压定律知,氢气的分压 $p(H_2)$ 应为

$$p(H_2)= p-p(H_2O)$$

式中　　　p——实验时的大气压,由温度气压表读取；

　　$p(H_2O)$——实验温度下,水的饱和蒸气压(参阅附录七)。

室温 t 是实验室的温度,由温度气压表读取,即

$$T=t+273.15$$

(三)实验器材

实验所需器材见下表:

仪器名称	规　格	单位和数量
测定气体常数组合装置(见图 2-1)		1 套
温度气压表(公用)		1 台
电子分析天平(公用)		3 台
量筒	10 mL	1 个
烧杯	100 mL	1 个
滴管	20 mm	1 支
细纱布		
滤纸条	20 mm×100 mm	
细铜丝		
盐酸	6 mol·L^{-1}	
铝片(学生自己称取)	0.023 0~0.030 0 g	

(四)实验内容

(1)在电子分析天平上准确称取铝片质量(0.023 0~0.030 0 g),并记录(准确至小数点后第 4 位)。

(2)按图 2-1 所示安装好量气装置。

(3)用烧杯往量气管中加入一定量的水,至水面略低于刻度"0.00"。上下迅速移动水平管几次,以赶尽附着在量气管和橡皮管内壁的气泡,直至液面无气泡逸出为止。

(4)反应前,首先要检查量气装置的气密性。先将试管塞塞紧,将水平管向下(或向上)移动一段距离,放在固定位置。如果液面不断下降(或上升),说明装置漏气,应检查各连接部位是否严密,调整各连接部位,直至不漏气为止。

(5)用 10 mL 的小量筒,量取 6 mol·L⁻¹的盐酸 5 mL,再用滴管把量筒中的盐酸小心地注入反应管中(注意勿使反应管上部被盐酸沾湿,为什么? 如已沾湿,须用滤纸条擦干。还有什么操作技巧?)。

(6)将铝片折叠成小块,用打磨过的细铜丝均匀交叉缠绕(为什么?),小心地放在反应管的水平处(切勿使铝片落入反应管底部的盐酸中,为什么?),塞紧橡皮塞,将反应管用铁夹固定。

(7)再次检查量气装置的气密性。若不漏气,调整水平管的位置,使量气管内水面与水平管内水面在同一平面上(为什么?),然后准确读出 V_1(应读到小数点后第 2 位)。读数时,应看水面的凹液面的底部,并且眼睛应该与液面相平,如图 2-2 所示。

(8)轻轻弹动试管,使铝片滑入盐酸中发生反应。为了不使反应产生的氢气使量气管内气压过大而发生漏气,应该随着量气管液面的下降,使水平管慢慢随之下移,始终保持水平管与量气管内水面基本相平。

(9)反应停止后,移动水平管,使其水面与量气管内水面相平,记录液面位置。等待1~3 min(能否无限延时,为什么?),再记录液面位置。如此反复操作,直至前后两次记录的液面位置相差不超过 0.05 mL 时,即表示管内气体的温度已与室温一致,记录此时量气管读数 V_2(读到小数点后第二位)。

(10)由温度气压表读取实验室的室温 t,大气压 p,查出此室温时水的饱和蒸气压 $p(H_2O)$。

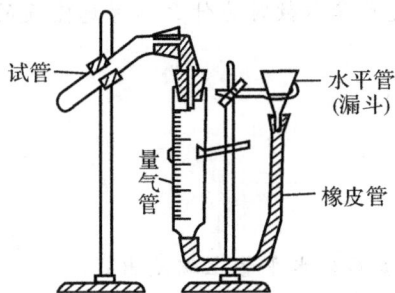

图 2-1 测定气体常数装置　　图 2-2 量气管读取示意图

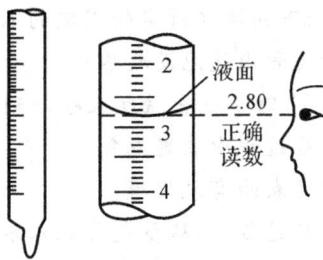

(五)实验记录及结果处理

1. 实验记录

铝片质量　　　　　　　　　　　$W_{Al}=$　　　　　　g

反应前量气管中水面读数　　　　$V_1=$　　　　mL ＝　　　m³

反应后量气管中水面读数　　　　$V_2=$　　　　mL ＝　　　m³

室温　　　　　　　　　　　　　$t=$　　　　℃ ＝　　　K

大气压　　　　　　　　　　　　$p=$　　　　kPa ＝　　　Pa

室温时水的饱和蒸气压　　　　　$p(H_2O)=$　　　Pa

2. 结果处理

氢气体积　　　　　　　　$V(H_2) = V_2 - V_1 =$　　　　　　m^3

氢气分压　　　　　　　　$p(H_2) = p - p(H_2O) =$　　　　　Pa

氢气物质的量　　　　　　$n(H_2) = \dfrac{3W_{Al}}{2M_{Al}} =$　　　　　mol

气体常数　　　　　　　　$R = \dfrac{p(H_2)V(H_2)}{n(H_2)T}$　　　　　$J \cdot mol^{-1} \cdot K^{-1}$

气体常数理论值　　　　　$R_0 = 8.314\ 5\ J \cdot mol^{-1} \cdot K^{-1}(Pa \cdot m^3 \cdot mol^{-1} \cdot K^{-1})$

相对误差　　　　　　　　$E = \dfrac{R - R_0}{R_0} \times 100\% =$

注意:本实验要求相对误差应介于±5%之间。若未达要求,应立即重做实验;若绝对值大于1%,在实验报告中应分析产生误差的原因。

(六)思考题

1.实验中测得氢气的体积与相同温度、压力下等摩尔干燥氢气的体积是否相同?

2.反应前量气管上部留有空气,反应后计算氢气的摩尔数时为什么不考虑空气的分压?

3.讨论下列情况对实验测定的 R 值有何影响:

(1)量气管内气泡没赶尽;

(2)读 V_2 时量气管温度未冷却到室温;

(3)反应过程中装置漏气;

(4)铝片表面有氧化膜;

(5)反应过程中,从量气管压入水平管中的水过多而从水平管上端流出;

(6)记录液面位置时,量气管与水平管的液面不水平;

(7)铝片称量不准确。

[附]

1. 温度气压表的使用

　TPS 型数字式温度气压计适用于温度和气压的同时测量,数据直观,使用方便。仪器选用精密气压传感器和温度传感器,将气压和温度信号转换为电信号,直接读取。温度量程为 $0 \sim 99.99\,℃$,分辨率为 $0.01\,℃$;气压量程为 $101.3\ kPa \pm 20\ kPa$,分辨率为 $0.1\ kPa$。

　使用方法:

(1)将仪器放置在空气流动较小,不易受到干扰的平台上。

(2)打开电源开关,预热 15 min,待信号稳定后,直接读取当前实验室温度及当前大气压。

(3)注意气压传感器输入口不能进水或其他杂物,温度传感器请勿折压,以防止折断。

(4)仪器上面请勿放置任何物品,防止压、碰、腐蚀仪器外壳,影响仪器信号的准确。

2. 电子分析天平的使用

FA2002N 电子分析天平是实验室快速、精确测定物体质量的精密称量仪器。称量范围为 $0\sim200$ g,去皮范围为 $0\sim200$ g,重复性误差为 $0.000\,2$ g。若长期未用(5 d 以上),使用时需预热 3 h 以上(通电即可)。自校砝码量值为 200 g。使用前,首先观察水平仪。如水泡偏移,需调节水平调节脚,使水泡位于水平仪中心。本天平采用轻触按键,使用时只需轻轻按动即可。

使用方法:

(1)开机。接通天平电源,开始通电工作,此时显示器未工作,通常需要预热以后,方可开启显示器进行操作使用。

(2)键盘的操作功能。

<ON>开启显示器键。轻按<ON>键,显示器全亮:

```
±  8888888   %
       0        g
```

天平自动对显示器的功能进行自检查,约 2 s 后,显示天平的型号:

```
···· 2004 ····
```

然后是称量模式:

```
0.000 0 g
```

<OFF>关闭显示器键。轻按<OFF>键,显示器熄灭。若长时间不再使用天平,应拔去电源线。

<TAR>清零、去皮键。置容器于称盘上,显示出容器的质量:

```
18.900 1 g
```

然后轻按<TAR>键,显示消隐,随即出现全零状态,容器的质量值已去除,即去皮重。

```
0.000 0 g
```

当拿去容器,就出现容器质量的负值:

```
−18.900 1 g
```

再按<TAR>键,显示器为全零,即天平清零:

```
0.000 0 g
```

　　(3)天平校准。因为存放时间较长,位置移动,环境变化或为获得精确测量,天平在使用前一般都应进行校准操作。

　　校准天平时,首先取下称盘上所有被称物,置 COU－0,UNT－g,INT－3,ASD－2 模式,轻按＜TAR＞键,天平清零。

　　轻按＜CAL＞键,当显示出现"CAL－"时,即松手,显示器就出现"CAL－200",其中"200"为闪烁码,表示需要用 200 g 的标准砝码校准。此时,放上 200 g 标准校准砝码,显示器即出现等待状态"………",经数秒钟后,显示器出现"200.000 g"。拿去校准砝码,显示器应出现"0.000 g"。如果显示不为零,则再清零,再重复以上校准操作(最好反复进行两次校准操作)。校准顺序如下:

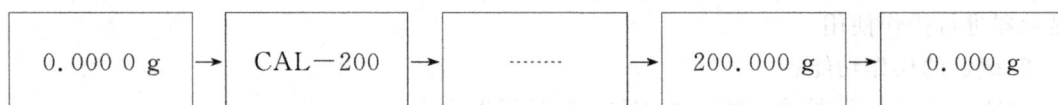

| 0.000 0 g | → | CAL－200 | → | ……… | → | 200.000 g | → | 0.000 g |

　　(4)读取偏差。置校准砝码于称盘上,去皮重,然后取下校准砝码,显示其负值。再置所称物(同质量)于称盘上,视称物比校准砝码重或轻,相应显示正或负偏差值。

实验二 化学反应热效应的测定

（一）实验目的

(1)了解化学反应热效应的测定原理和方法。

(2)学会采用外推法求反应前后系统的温度变化值。

（二）实验原理

化学反应大都伴随有热量的变化，反应热就是表示反应体系吸收和放出热量的大小。Zn 与 $CuSO_4$ 反应是一个自发进行的放热反应，在 298.15 K 标准状况下，每摩尔 Zn 置换 $CuSO_4$ 溶液中的铜离子时，放出 216.8 kJ 的热量，即

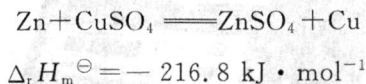

$$Zn + CuSO_4 = ZnSO_4 + Cu$$

$$\Delta_r H_m^{\ominus} = -216.8 \text{ kJ} \cdot \text{mol}^{-1}$$

本实验是用足量的锌粉与一定浓度的稀硫酸铜在绝热反应器中反应的，通过测定反应前后体系的温度变化，根据能量守恒定律，求出该置换反应的热效应。其计算公式为

$$Q = \Delta TCdV + \Delta TC_p \tag{1}$$

设量热器本身吸收热量 ΔTC_p 可以忽略，则

$$\Delta_r H_m^{\ominus} = -\frac{Q}{n} = -\frac{\Delta TCdV}{1\ 000\ n} \tag{2}$$

式中　　Q——Zn 与 $CuSO_4$ 反应时放出的热量(kJ)；

　$\Delta_r H_m^{\ominus}$——反应热效应(kJ·mol^{-1})；

　　ΔT——反应前后的温度变化(K)；

　　C——溶液的比热，近似以纯水在 25℃的比热 4.18 kJ·kg^{-1}·K^{-1}代替；

　　d——溶液的密度，近似以纯水的密度 1.00 g·mL^{-1}代替；

　　n——溶液中 $CuSO_4$ 的摩尔数；

　1 000——换算因子。

根据公式(2)，只要已知 $CuSO_4$ 溶液的摩尔浓度，测定其与足量 Zn 粉反应的前后温差，就可求出反应的热效应。

（三）实验仪器和药品

1. 实验仪器

实验所需仪器见下表：

仪器名称	规格	单位	数量
CXJ-2型化学生成热测定仪		台	1
移液管	50 mL	个	1
洗耳球		个	1
台秤		台	1

图2-3所示为CXJ-2型化学生成热测定仪。

图2-3　CXJ-2型化学生成热测定仪

2. 实验药品

$0.2 \ mol \cdot L^{-1}$的$CuSO_4$溶液（实际浓度以标定为准）；
Zn粉。

（四）实验内容

（1）打开仪器盖，取出保温杯，洗干净保温杯并用吸水纸擦干。

（2）用少量已标定的$CuSO_4$溶液润洗移液管2~3次，然后准确吸取100 mL的$CuSO_4$溶液于保温杯中。

（3）将保温杯放入仪器中，盖上盖子，按下搅拌按钮，开始搅拌。

（4）按下记录时间按钮，每隔0.5 min记录温度一次，读到小数点后两位。等到溶液与量热器温度达到平衡并保持2 min内不变后，此时的温度即为反应初始温度T_1。

（5）将已经称好的3 g锌粉加入反应器的小孔中，盖好盖子，每隔0.25 min记录一个对应温度。当温度升到最高点时，记录下对应的温度T_2'与时间θ。此后再每隔0.5 min记录一个对应温度，继续记录温度与时间点6个（3 min）后结束实验。

（6）取出保温杯，将废液倒入废液桶中，洗净保温杯放回原处。经教师检查数据后，方可离开实验室。

（五）数据记录与处理

1.数据记录

CuSO₄溶液的浓度 _____ mol·L⁻¹,用量 _____ mL,Zn 粉 _____ g。

将实验中记录的反应时间与温度填入表 2-1 中。

表 2-1　反应时间与温度的变化关系

时间 θ / min						
温度 T/ ℃						
时间 θ / min						
温度 T/ ℃						
时间 θ / min						
温度 T/ ℃						

2.数据处理——作图法求 ΔT

由于实验所用的量热器并非是一个严格的绝热装置,实验中,量热器不可避免地要吸收一部分热量并和外界进行一部分热交换。加上温度滞后指示等各种原因使体系与外界存在部分热交换,故本实验中加 Zn 粉后测得的温度均略低于完全绝热状态下体系应该升到的温度,同样体系最高观测点的温度不能代表实际应该升到的最高温度。这样从实验中直接由温度指示所读的最高温度 T_2 偏离准值,为此,应对实验所得的最高温度予以矫正。常采用的是外推作图矫正法。以时间为横坐标(单位为 min),温度为纵坐标(单位为℃),作温度-时间关系图(见图 2-4)。

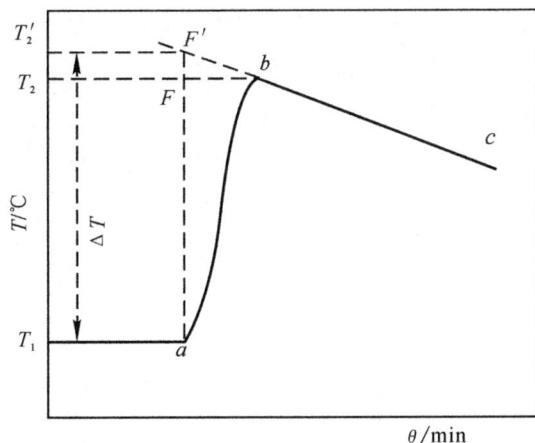

图 2-4　反应时间与温度关系

可以看出,此图可分为三部分。第一部分即为加 Zn 粉之前的恒温直线 T_1a 段,是一条平行于横坐标的直线;第二条是升温曲线 ab 段,由于反应放热的原因,使体系温度迅速上升;第三条为降温直线 bc 段,它是体系温度因热量损失随时间下降的点连成的近似直线。其中,a 为 Zn 粉的加入点,b 为实验观测的最高温度点。体系实际最高温度点可近似由降温直线的反向延长线与过点 a 平行于纵坐标的直线的交点 F' 所对应的纵坐标来代替,由点 b 作平行于横坐标的直线,与 aF' 直线相交于点 F,FF' 线段即为反应中的热量损失引起的温降 Δt,有

$$\Delta T = T_2' - T_1 + \Delta t = T_2' - T_1$$

将求得的 ΔT 带入公式(2),即可求出反应热 $\Delta_r H_m^{\ominus}$。

3. 误差分析

由下列计算公式计算相对误差:

$$相对误差 = \frac{\Delta H_{m理论}^{\ominus} - \Delta_r H_m^{\ominus}}{\Delta_r H_{m理论}^{\ominus}} \times 100\%$$

如果相对误差绝对值大于 10%,分析误差产生的原因。

(六)思考题

1. 实验中为什么用移液管移取已标定的 $CuSO_4$ 溶液,而不用量筒量取?

2. 计算公式中的 T 为什么不能直接由实验数据中的最高温度减去反应前的恒温温度点得到?应怎样才能补偿体系的热量损失?

实验三 化学反应速率

（一）实验目的

(1)掌握化学反应速率的测定方法。

(2)了解浓度、温度、催化剂对反应速率的影响。

(3)利用作图方法求解化学反应的实验活化能。

（二）实验原理

在酸性水溶液中，$KBrO_3$ 与 KI 发生以下反应：

$$6KI + KBrO_3 + 6NaHSO_4 = 3I_2 + KBr + 3K_2SO_4 + 3Na_2SO_4 + 3H_2O$$

其离子反应式为

$$6I^- + BrO_3^- + 6H^+ = 3I_2 + Br^- + 3H_2O \tag{1}$$

该反应的反应速率可表示为

$$v = \frac{\Delta c(BrO_3^-)}{\Delta t} = kc^x(BrO_3^-) \cdot c^y(I^-)$$

式中 v——反应的平均速率[①]；

$\Delta c(BrO_3^-)$——BrO_3^- 在 Δt 时间内物质的量的浓度变化值；

$c(BrO_3^-)$ 和 $c(I^-)$——分别为反应物 BrO_3^- 和 I^- 的起始浓度（$mol \cdot L^{-1}$）；

k——反应的速率常数；

$x+y$——两反应物的幂次之和，为反应的级数[②]。

由上述可以看出，在本实验中只要测定出在 Δt 时间内 BrO_3^- 的浓度的改变值，就可以计算出反应速率表达式中的反应速率常数 k 和反应级数 $x+y$。

1. 反应速率常数 k 的求取

由于反应一开始，就有产物 I_2 生成，这样就无法利用淀粉指示剂表明在 Δt 时间内反应(1)的变化情况。为了测定在一定时间（Δt）内 BrO_3^- 浓度的变化量，可先向 KI 溶液中加入一定

---

① 本实验在反应时间 Δt 内，反应物浓度变化很小（约为 $10^{-4} mol \cdot L^{-1}$），按照普通化学实验的要求，这里用平均速率代替瞬时速率，不会产生较大误差。

② 该反应的反应速率与 H^+ 浓度有关，按照反应的速率方程的表达方式应书写为

$$v = \frac{\Delta c(BrO_3^-)}{\Delta t} = kc^x(BrO_3^-) \cdot c^y(I^-) \cdot c^z(H^+)$$

这里为简化实验和计算，把 H^+ 浓度固定为某一确定值（即恒定该反应的酸度），而只考虑 BrO_3^- 和 I^- 变化对反应速率的影响，实际上是把酸度的影响合并于反应的速率常数项中。

体积已知浓度的硫代硫酸钠($Na_2S_2O_3$)和淀粉溶液,然后再与经硫酸氢钠酸化后的 $KBrO_3$ 溶液混合。这样在反应(1)进行的同时,还发生以下反应:

$$2S_2O_3^{2-} + I_2 == S_4O_6^{2-} + 2I^- \tag{2}$$

由于反应(2)的反应速率比反应(1)快得多,由反应(1)生成的 I_2 会立即与 $S_2O_3^{2-}$ 作用,生成无色的连四硫酸根 $S_4O_6^{2-}$ 和碘离子 I^-。这样在反应开始后的一段时间内就看不到碘与淀粉作用而显示出的蓝色,一旦 $Na_2S_2O_3$ 消耗完后,由反应(1)生成的微量碘就立即与淀粉作用,使溶液显示蓝色。从反应(1)和(2)的物质量的关系可以看出,反应(1)每消耗 1 mol BrO_3^-,反应(2)就会消耗 2 mol $S_2O_3^{2-}$,因此它们浓度变化量的关系应为

$$\Delta c(BrO_3^-) = \frac{\Delta c(S_2O_3^{2-})}{6}$$

由于在记录的 Δt 时间内,$S_2O_3^{2-}$ 全部消耗完,浓度变为零,因此,$\Delta c(S_2O_3^{2-})$ 就是 $Na_2S_2O_3$ 的起始浓度。这样就可以利用 $Na_2S_2O_3$ 的起始浓度值代替在 Δt 时间内 $\Delta c(S_2O_3^{2-})$ 的值,它们之间的关系应为

$$\frac{\Delta c(BrO_3^-)}{\Delta t} = \frac{\Delta c(S_2O_3^{2-})}{6\Delta t} = kc^x(BrO_3^-) \cdot c^y(I^-)$$

故

$$k = \frac{\Delta c(S_2O_3^{2-})}{6\Delta t \cdot c^x(BrO_3^-) \cdot c^y(I^-)} \tag{3}$$

2. 反应级数的求取

在定温下,分别固定 $c(BrO_3^-)$ 和 $c(I^-)$,而改变对应的 $c(I^-)$ 和 $c(BrO_3^-)$,可以测定出不同的 v 值。利用下面的关系即可求出该反应中各物质浓度的幂次方 x 和 y 的值,而 $x+y$ 的值就是该反应的级数。

$$\frac{v_1}{v_2} = \frac{kc_1^x(BrO_3^-) \cdot c^y(I^-)}{kc_2^x(BrO_3^-) \cdot c^y(I^-)} = \frac{c_1^x(BrO_3^-)}{c_2^x(BrO_3^-)}$$

又因为 $\frac{v_1}{v_2} = \frac{\Delta t_2}{\Delta t_1}$,代入上式取对数并整理可得

$$x = \frac{\ln \dfrac{\Delta t_2}{\Delta t_1}}{\ln \dfrac{c_1(BrO_3^-)}{c_2(BrO_3^-)}} \tag{4}$$

同理,若 $c(BrO_3^-)$ 不变,而改变 $c(I^-)$,则可求出 y 值,$x+y$ 的值即为该反应的级数。已知本实验中 $x=1$,$y=1$(x,y 均为实验测出值)。

3. 反应活化能的求取

按照阿累尼乌斯公式,化学反应速率与反应温度之间的关系应为

$$\lg \frac{k}{[k]} = \frac{-E_a}{2.303RT} + A \tag{5}$$

式中 E_a——反应的实验活化能；

R——气体常数($R=8.314\ 5\ \text{J}\cdot\text{mol}^{-1}\cdot\text{K}^{-1}$)；

T——温度(K)；

A——常数(对于同一反应，A 为定值)；

$[k]$——反应速率常数 k 的单位。

根据实验数据计算出不同温度下的 k 值，以 $\lg\dfrac{k}{[k]}$ 对 $\dfrac{1}{T}$ 作图，可得一条直线(见图 2-5)，

直线的斜率为 $\dfrac{-E_a}{2.303R}$。从图中可知，斜率等

于 $\dfrac{a}{b}$，a 和 b 值均可通过作图法求出，因此

$\dfrac{a}{b}=\dfrac{-E_a}{2.303\ R}$，即

$$E_a=-\frac{a}{b}\times 2.303R \quad (\text{J}\cdot\text{mol}^{-1}) \quad (6)$$

$$a=\lg k_2-\lg k_1 \quad b=\frac{1}{T_2}-\frac{1}{T_1}$$

式中，a 为正值，b 为负值，求算出来的活化能
E_a 为一大于 0 的值。

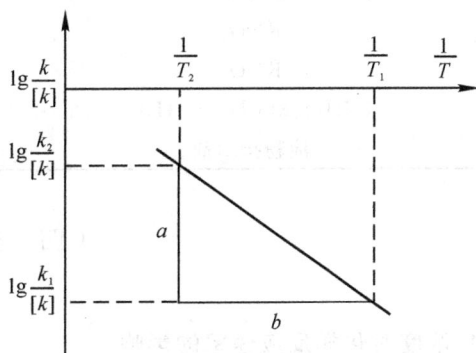

图 2-5 作图法求反应活化能

（三）实验仪器、药品和材料

1. 实验仪器（每组）

实验所需仪器见下表：

仪器名称	规 格	单 位	数 量
玻璃试管	25 mL	支	6
玻璃量杯	10 mL	个	6
玻璃烧杯	150 mL(特制)	个	1
玻璃烧杯	50 mL	个	1
电动磁力搅拌器	85-1	台	1
机械秒表	504	块	1
数显恒温水浴(公用)	KW(单列四孔)	台	3
玻璃温度计(公用)	0~100 ℃(1/1)	支	1
玻璃棒		根	1

2. 实验药品(或材料)

实验所需药品见下表：

药品名称	浓度或规格
KI	$0.01\ mol \cdot L^{-1}$
KBrO$_3$	$0.04\ mol \cdot L^{-1}$
Na$_2$S$_2$O$_3$	$0.001\ mol \cdot L^{-1}$
NaHSO$_4$	$0.1\ mol \cdot L^{-1}$
KNO$_3$	$0.01\ mol \cdot L^{-1}$
KNO$_3$	$0.04\ mol \cdot L^{-1}$
(NH$_4$)$_6$Mo$_7$O$_{24} \cdot 4H_2O$	$0.06\ mol \cdot L^{-1}$
淀粉指示剂	0.2%

（四）实 验 内 容

1. 浓度对化学反应速率的影响

在室温下用两个量杯分别量取 $0.01\ mol \cdot L^{-1}$ 的 KI 溶液 10 mL，$0.001\ mol \cdot L^{-1}$ 的 Na$_2$S$_2$O$_3$ 10 mL 和 0.2% 的淀粉指示剂 2 mL，加入到 150 mL 特制玻璃烧杯中，放入磁子并开启磁力搅拌器，使之均匀混合。再用相应的量杯量取 $0.04\ mol \cdot L^{-1}$ 的 KBrO$_3$ 溶液 10 mL 和 $0.1\ mol \cdot L^{-1}$ 的 NaHSO$_4$ 溶液 10 mL，加入到 50 mL 烧杯中，并轻轻转动烧杯，使之均匀后迅速注入正在搅拌中的 150 mL 特制玻璃烧杯中，同时开启秒表计时。当溶液刚刚出现蓝色时，立即停表，关闭磁力搅拌器并记录时间，填入到表 2-2 中的第 1 栏中。

用同样的方法，按照表 2-2 中第 2,3 栏各试剂的用量进行另外两次实验。表中的 KNO$_3$ 是为了补足反应体系的总体积并保持相关物质的离子强度而加入的。

2. 催化剂对反应速率的影响

按照表 2-2 中的试剂用量，向 150 mL 特制玻璃烧杯加入 1 滴钼酸铵溶液，再将 50 mL 烧杯中的混合溶液注入，其余操作方法相同。实验结果与反应物浓度相同而未加催化剂的相比较。

3. 温度对反应速率的影响

(1)在 25 mL 试管 1 中加入 5 mL KBrO$_3$($0.04\ mol \cdot L^{-1}$)和 5 mL NaHSO$_4$($0.1\ mol \cdot L^{-1}$)溶液；在另一 25 mL 试管 2 中加入 5 mL KI($0.01\ mol \cdot L^{-1}$)溶液、5 mL Na$_2$S$_2$O$_3$($0.001\ mol \cdot L^{-1}$)和 2 mL 淀粉(0.2%)溶液。

(2)在室温下把试管 1 中的溶液迅速倒入试管 2 中，立即卡表记录时间(从溶液混合开始，到刚一出现蓝色时为止这一段时间)，并用玻璃棒不断搅拌，使溶液混合均匀(注意：记录时间以秒为单位，应读至小数点后一位)。

(3)分别在高于室温约 10℃,20℃,30℃ 的恒温槽中重复上述实验。注意先将两试管分别

置于恒温槽恒温 $5 \sim 8$ min,而后将装有 $KBrO_3$ 混合溶液的试管 1 取出,并迅速注入仍在恒温槽中的混合溶液试管 2 中,并用水浴中玻璃棒搅匀,记录反应时间和温度。

(4)将上述 4 次实验数据填入表 2-3 中,并计算 k 值、$\lg\dfrac{k}{[k]}$ 值和 $\dfrac{1}{T}$ 值。

表 2-2 浓度、催化剂对反应速率的影响实验试剂用量

	实 验 编 号	1	2	3	4
试剂用量 mL	KI（0.01 mol·L^{-1})	10	5	10	5
	$KBrO_3$（0.04 mol·L^{-1})	10	10	5	10
	$Na_2S_2O_3$（0.001 mol·L^{-1})	10	10	10	10
	$NaHSO_4$（0.1 mol·L^{-1})	10	10	10	10
	淀粉指示剂（0.2%)	2	2	2	2
	KNO_3（0.01 mol·L^{-1})	0	5	0	5
	KNO_3（0.04 mol·L^{-1})	0	0	5	0
	$(NH_4)_6Mo_7O_{24}\cdot4H_2O$（$0.06$ mol·L^{-1})	0	0	0	1 滴
反应物的 起始浓度 mol·L^{-1}	KI				
	$KBrO_3$				
	$Na_2S_2O_3$				
	反应时间 t/s				
	反应速率常数 k				

表 2-3 温度对化学反应速率的影响

	实 验 编 号	1	2	3	4
	温度	室温	室温+10℃	室温+20℃	室温+30℃
实际温度					
试剂用量/mL	KI（0.01 mol·L^{-1})	5	5	5	5
	$KBrO_3$（0.04 mol·L^{-1})	5	5	5	5
	$Na_2S_2O_3$（0.001 mol·L^{-1})	5	5	5	5
	$NaHSO_4$（0.1 mol·L^{-1})	5	5	5	5
	淀粉（0.2%)	2	2	2	2
反应物起始 浓度/(mol·L^{-1})	KI				
	$KBrO_3$				
	$Na_2S_2O_3$				
反应时间 t/s					
反应速率常数 k					

4.用作图法求出反应的活化能

(1)以实验报告中求出的 $\frac{1}{T}$ 值为横坐标,$\lg\frac{k}{[k]}$ 值为纵坐标作图(为一条直线)。

(2)由图求出直线的斜率 $\frac{a}{b}$。

(3)由公式(6)知,斜率$=\frac{a}{b}=\frac{-E_a}{2.303\,R}$,即 $E_a=-\frac{a}{b}\times 2.303\,R$ (J·mol^{-1})。

(五)思考题

1.为什么不能按质量作用定律直接写出反应的速率方程 $v=kc(\text{BrO}_3^-)\cdot c^6(\text{I}^-)$?

2.浓度和温度对反应速率的影响有何差异?

3.反应时试剂的浓度是否与该试剂的起始浓度相同?

4.若不用 BrO_3^- 而用 I^- 或 I_3^- 的浓度变化来表示反应速率,所求出的速率常数是否相同?

5.实验中为什么可以用溶液出现蓝色的时间长短来计算反应速率?反应体系中一旦出现蓝色,反应是否就终止了?

6.下列情况对实验结果有何影响?

(1)取用 6 种试剂的量杯没有分开使用;

(2)不加或少加 NaHSO_4 溶液;

(3)慢慢加入 KBrO_3 混合溶液;

(4)反应体系不加搅拌。

7.本实验所求出的 k 值与真实 k 值有哪些区别?

实验四 电 化 学

（一）实验目的

(1) 了解原电池的组成及其电动势的粗略测定。
(2) 了解电解原理的应用——电镀。
(3) 了解金属的电化学腐蚀及防护的基本原理和方法。
(4) 了解阳极氧化的目的、基本操作及氧化膜耐腐蚀性能的检验方法。

（二）实验原理

1. 原电池

将氧化还原反应的化学能转变为电能的装置叫原电池。原电池一般由两个电极、电解质溶液和盐桥组成。在原电池中，氧化反应和还原反应分别在两个电极上进行：负极上发生氧化反应，正极上发生还原反应。电子从负极流出，经外电路流入正极。在两极上直接接上电压表，可以测量出原电池此时的端电压，即粗略（因有电流流过电压表，电极已经极化）测得原电池的电动势 E，$E = \varphi_+ - \varphi_-$。

2. 电镀——在铁上镀铜

电镀是利用外接直流电源，通过盛有一定电解质溶液（电镀液）的电镀槽（装置），向作为阴极的金属表面沉积上另一种金属如 Cu，Zn 等的过程。为了提高工件的防腐性能，工业上较多采取在钢铁构件上镀铬的技术。在铁上镀铜，主要目的是作为铬镀层之间的中间层，使底层金属与表面镀层很好地结合在一起。

要得到结合牢固、质量良好的镀层，必须首先做好镀件表面的除油、除锈，选择适合的电解液，控制一定的温度、电流密度等。

实验所选电镀液的成分为 $H_2C_2O_4$、氨水及 $CuSO_4$。用 $H_2C_2O_4$ 和氨水的目的是，与 $CuSO_4$ 作用生成配位化合物盐 $(NH_4)_4[Cu(C_2O_4)_3]$（草酸铜铵），再从配离子中解离出浓度适中的 Cu^{2+}。即

$$CuSO_4 + 4NH_3 \cdot H_2O \Longrightarrow [Cu(NH_3)_4]SO_4 + 4H_2O$$
$$[Cu(NH_3)_4]SO_4 + 3H_2C_2O_4 \Longrightarrow (NH_4)_4[Cu(C_2O_4)_3] + H_2SO_4$$
$$[Cu(C_2O_4)_3]^{4-} \Longrightarrow Cu^{2+} + 3C_2O_4{}^{2-}$$

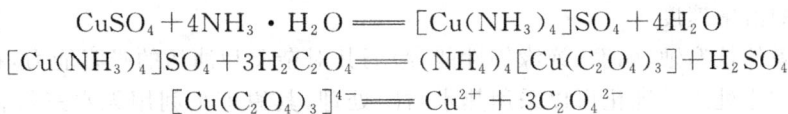

在电镀过程中，Cu^{2+} 在阴极上得电子，被还原成 Cu 而沉积在阴极上。

在形成配离子后的电镀液中，自由金属离子的浓度低，使得镀出的镀层精细而均匀，紧密地镀在上面而不易剥落下来。

3. 金属的电化学腐蚀及其防护

金属的电化学腐蚀是由于金属组成的不均匀或其他因素，使金属表面产生电极电势不等

的区域,当表面有电解质溶液时,即形成腐蚀电池而使金属遭受较快破坏的现象。腐蚀电池中,较活泼的金属总是作为阳极被氧化而腐蚀,而阴极仅起传递电子,使 H^+ 或 O_2 发生还原反应的作用,阴极本身不被腐蚀。

金属锌与盐酸本身可以发生氧化还原反应,放出 H_2。但在形成与不形成原电池的两种情况下,腐蚀速率是不相等的。通过 Zn 粒＋HCl 以及(Cu－Zn 粒＋HCl)的实验,可以观察到放出 H_2 速率的差异。白铁皮的表面镀层 Zn 破损后,是哪种金属遭受腐蚀? 实验中可用 $K_3[Fe(CN)_6]$(铁氰化钾)溶液来证明。若是铁被腐蚀,则生成的 Fe^{2+} 与 $[Fe(CN)_6]^{3-}$ 作用,能生成特有的蓝色沉淀,即

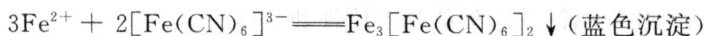

$$3Fe^{2+} + 2[Fe(CN)_6]^{3-} =\!\!=\!\!= Fe_3[Fe(CN)_6]_2 \downarrow （蓝色沉淀）$$

若是锌被腐蚀,生成的 Zn^{2+} 与 $[Fe(CN)_6]^{3-}$ 作用,能生成淡黄色沉淀,即

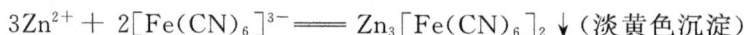

$$3Zn^{2+} + 2[Fe(CN)_6]^{3-} =\!\!=\!\!= Zn_3[Fe(CN)_6]_2 \downarrow （淡黄色沉淀）$$

在介质中,加入的少量能防止或延缓腐蚀过程的物质叫缓蚀剂。例如,乌洛托品、苯胺等可用做金属在酸性介质中的缓蚀剂。

外加直流电源,将被保护的金属与电源负极相连,由电源提供电子,降低金属的电势,可保护金属免遭腐蚀,称为阴极保护法。

4. 金属铝的阳极氧化

铝在空气中自然氧化,表面形成的氧化膜(Al_2O_3)很薄,为 $0.02\sim1~\mu m$,不可能有效防止金属遭受腐蚀。用电化学方法在铝或铝合金表面生成较厚的致密氧化膜,该过程称为阳极氧化。阳极氧化可得到厚度几十甚至几百微米的表面氧化膜,使铝或铝合金的耐腐蚀性大大提高。除此而外,其耐磨性、硬度、电绝缘性等也都有很大提高,还可以用有机染料染成各种颜色。

本实验采用稀硫酸作电解液,以铅为阴极,铝为阳极,阳极氧化后可在铝表面形成无色氧化膜,两级反应如下:

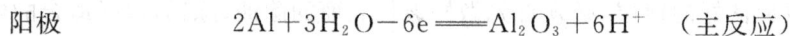

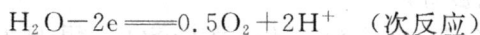

阴极　　　　　　　　　　　$2H^+ + 2e =\!\!=\!\!= H_2 \uparrow$

阳极　　　　　　$2Al + 3H_2O - 6e =\!\!=\!\!= Al_2O_3 + 6H^+$　　（主反应）

　　　　　　　　$H_2O - 2e =\!\!=\!\!= 0.5O_2 + 2H^+$　　（次反应）

在电解过程中,硫酸又可使形成的氧化铝膜部分溶解,且硫酸浓度、电流密度、温度等均对氧化膜的形成有很大影响,故要得到一定厚度的氧化膜,必须控制一定的操作条件,使生成膜的速度高于膜的溶解速度。

为了提高膜的抗腐蚀、耐磨、绝缘等性能,减弱其对杂质和油污的吸附能力,在阳极氧化后需对铝片进行钝化处理。钝化可以采用热水封闭处理,其原理是利用无水三氧化二铝发生水化作用,使氧化物体积增大,将铝氧化膜孔隙封闭。反应如下:

$$Al_2O_3 + H_2O =\!\!=\!\!= Al_2O_3 \cdot H_2O$$

$$Al_2O_3 + 3H_2O =\!\!=\!\!= Al_2O_3 \cdot 3H_2O$$

（三）实验仪器和药品

1. 实验仪器

实验所需仪器见下表：

仪器名称	规 格	单 位	数 量
电压表（公用）	0～3 V	个	若干
烧杯	1 000 mL	个	1（公用）
电炉		个	1（公用）
直流稳压电源	0～30 V	个	1（公用）
温度计（公用）	0～100℃	个	1
钢丝刷		把	若干（公用）
锉刀（公用）		把	若干
玻璃试管	10 mL	支	6
试管架		个	1
点滴板		块	1
电镀瓶		个	1
有机玻璃片（带接线柱）		片	3
铝片		片	2
铝极板		片	2
盐桥		个	1
砂纸		片	若干（公用）
滤纸条（若干）		片	若干（公用）
电源线（带接线勾和金属夹）		根	2
Cu 电极板（带接线柱）		片	1
Zn 电极板（带接线柱）		片	1
白铁皮		片	1
小铁钉		枚	3
大铁钉		枚	1
Cu 棒	$\Phi 1 \times 200$ mm	根	1
Zn 粒	$\Phi 2 \sim 3$ mm	颗	1

2. 实验药品

实验所需药品见下表：

药品名称	浓　度
$ZnSO_4$	$1\ mol \cdot kg^{-1}$
$CuSO_4$	$1\ mol \cdot kg^{-1}$
HCl	$0.1\ mol \cdot kg^{-1}$
HCl	$1\ mol \cdot kg^{-1}$
NaCl	$1\ mol \cdot kg^{-1}$
KCl	饱和溶液
H_2SO_4	20%
HNO_3	30%（公用）
NaOH	$1\ mol \cdot L^{-1}$
$K_3[Fe(CN)_6]$	0.1%
酚酞试液	
乌洛托品	
电镀液	
检验液	

（四）实 验 内 容

1. 原电池的组成和端电压（电动势）的测定

按照图 2-6 所示装置，将用砂纸打磨后的 Zn 片插入 $ZnSO_4$ 溶液（$1\ mol \cdot kg^{-1}$），Cu 插入 $CuSO_4$ 溶液（$1\ mol \cdot kg^{-1}$），用 KCl 盐桥连通两个溶液。用导线将 Zn 片和 Cu 片分别与电压表的负极和正极相连，组成原电池，测定并记录原电池的端电压（近似为电动势），写出相应的电极反应，比较测定值与理论电动势有何不同，为什么？如果将盐桥取去，电压表的指针将指向何处？为什么？观察完毕，随即取出盐桥，用蒸馏水冲洗干净，放回饱和 KCl 溶液中。

2. 电镀——在铁上镀铜

（1）镀件（铁钉）的预处理：用砂纸打净大铁钉上的铁锈，用水冲洗干净。再将铁钉浸在 HCl（$1\ mol \cdot kg^{-1}$）中 $1 \sim 2\ min$，然后取出用水冲洗干净、抹干。

（2）电镀：用上述 Cu-Zn 原电池为电源，铜棒作阳极接原电池正极，镀件（铁钉）作阴极接原电池的负极。为了避免接触镀，必须带电下槽[①]。电镀装置如图 2-7 所示。电镀 10 min 后（时间未到之前，请继续后续实验，不要等待），取出铁钉观察是否已镀上了铜。

（3）取出镀件，用水冲洗干净。

---

① 未通电时，将铁钉放入铜盐溶液中，会立即置换出铜附着在铁钉表面，此为接触镀。这样镀上的铜层结合不牢，故电镀时必须将阳极放入镀液通电后，再将镀件放入镀液中，称为带电下槽。

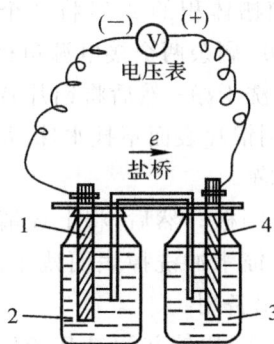

图 2 - 6　原电池装置示意图
1—Zn 片；2—ZnSO₄ 溶液；
3—CuSO₄ 溶液；4—Cu 片

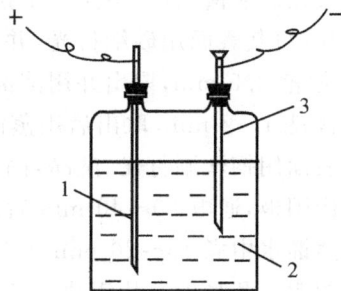

图 2 - 7　电镀示意图
1—铜棒；2—电镀液；3—铁钉

3. 金属的电化学腐蚀

往盛有约 2 mL 的 0.1 mol·kg^{-1} HCl 溶液的试管中加入 1 粒纯锌粒,观察现象。再插入一根打磨光亮的粗铜丝(铜棒)并与锌粒接触,观察前后现象有何不同,解释之(注意:实验完毕后,务必将锌粒洗净后放入回收瓶)。

取白铁皮(镀锌铁皮)一片(若表面有油污时,用去污粉刷洗后,再用滤纸将水分擦干)。用锉刀在白铁皮上锉一深痕,务必使镀层破裂。将其放入点滴板的小窝中,向锉痕处滴加 1 mol·kg^{-1} 的 HCl 和 0.1% 的 K₃[Fe(CN)₆]溶液各 1～2 滴。观察锉痕处实验现象,说明是哪种金属被腐蚀了,为什么?

4. 缓蚀剂的作用与阴极保护法

(1)缓蚀剂的作用:向两支试管中各放入一枚用砂纸擦净打光的小铁钉。向其中的一支试管中加入 5 滴 20% 的乌洛托品,向另一支中加入 5 滴蒸馏水,然后向两支试管中各加入 1～2 mL 的 1 mol·kg^{-1} HCl 和 1～3 滴 0.1% 的 K₃[Fe(CN)₆]溶液(两试管中 HCl 和 K₃[Fe(CN)₆]溶液的加入量应相同)。比较两支试管中铁钉周围气泡生成的速度有何不同,两管中颜色出现的快慢和深浅是否相同,为什么?(用过的铁钉洗净后供下面实验使用)

(2)阴极保护法:将点滴板清洗干净,在小窝中配制腐蚀液(1 mol·kg^{-1} 的 NaCl 溶液 1 mL＋0.1% 的 K₃[Fe(CN)₆]3 滴)。将一小块洁净的滤纸条浸入腐蚀液润湿,取出放到点滴板边缘平整处,将刚使用过的 2 枚小铁钉清洗干净,分别夹到 Cu - Zn 原电池的正、负极,间隔约 0.5 cm 平行放置到滤纸上,静置一段时间后,观察有何现象并解释之。向放置电极处滴加 1 滴酚酞试液,观察有何现象并予以解释(用过的小铁钉清洗干净后回收)。

5. 铝的阳极氧化

(1)阳极氧化条件。

电解液:20% 的 H₂SO₄ 溶液;电流密度(直流):10～15 mA/cm²;电压:12～15 V;电解液温度:<28℃;氧化时间:30～40 min。

(2)操作步骤。

1)在有机玻璃槽中,盛 20% 的 H_2SO_4 溶液约占玻璃槽体积的 2/3,将 3 个装有接线柱的有机玻璃片平行放在玻璃槽上面,中间一个接电源的正极,剩余两个接电源负极。

2)取两片铝片,将其表面用砂纸打光,并用蒸馏水冲洗干净;然后将铝片置于 $1\ mol \cdot L^{-1}$ 的 NaOH 溶液中浸泡 0.5 min,取出并用蒸馏水冲洗直到铝片表面不挂水珠;最后将铝片置于 30% 的 HNO_3 中漂洗 1~2 min,取出后用蒸馏水冲洗干净。

3)将铅极板表面用钢丝刷打光、洗净,固定在槽中作阴极。然后,将上述清洗干净的一片铝片固定在槽中作阳极,通电 30~40 min 后取出并用蒸馏水冲洗掉表面残余的硫酸。而后,将其置于沸腾的蒸馏水中煮 15~20 min(封闭处理),取出备用。

4)在处理过的铝片和另外一片铝片上各滴 1 滴检验液,比较并记录其产生气泡和液滴变绿时间的快慢,写出反应方程式。

(3)注意事项。

1)调节直流稳压电源时,不能超过直流电源的输入及输出电压。

2)未接负载时,调节箭头应指向最低挡,不能任意扭动,以防止电压高损坏仪器。

3)工件放入电解槽中,不要使阴、阳极接触,以免短路。

(五)思考题

1. 原电池一般由哪几部分组成?若无电压表,可以根据什么说明是否有电流产生?

2. 为什么用电压表测定的电动势只能是粗略的结果?与理论值存在差别的原因是什么?

3. 白铁皮在电化学腐蚀时,为什么是镀层锌先被腐蚀?如果换成马口铁(镀锡铁),情况会有什么不同?怎样证明?

4. 为什么在锌粒与盐酸的反应中插入铜棒会使反应速率加快,根本原因是什么?

5. 阳极氧化的目的是什么?要得到良好的氧化膜,需注意哪些问题?

6. 检验氧化膜耐腐蚀性能时,出现的绿色物质是什么?写出反应方程式。

[附]

1. 乌洛托品

乌洛托品又名六次甲基四胺,商业上又叫 H 促进剂,其分子式为 $(CH_2)_6N_4$,立体笼状分子,结构如图 2-8 所示。

它是一种白色粉状晶体或无色透明晶体,无臭,溶于水、乙醇等。其之所以可以起到缓蚀作用,是因为它在酸性介质中可与 H^+ 作用生成盐,生成的盐吸附在金属表面,使酸性介质中的 H^+ 难以接近金属表面而得电子放电,故而阻碍了金属的腐蚀,起到了缓蚀作用。生产中常用于酸性溶液中的缓蚀剂除乌洛托品外,还有苯胺、硫脲、尿素等有机胺类。

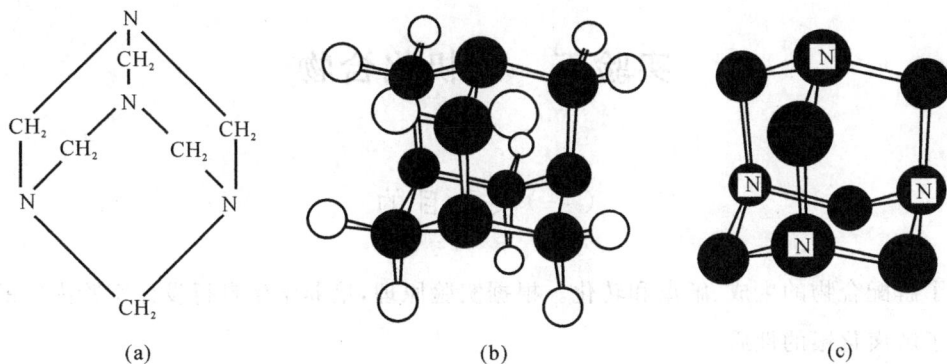

图 2-8 乌洛托品的结构

2. 电镀液配方

在每升溶液中含有下列各物质：$CuSO_4$（10～15 g），$H_2C_2O_4$（60～100 g），氨水（65～80 mL）。

实验五　无机化合物

（一）实验目的

（1）了解配合物的生成、解离和转化。根据实验原理，培养学生自行设计实验内容的能力。

（2）了解卤化银的性质。

（3）了解不同价态的铬、锰、铁化合物的氧化还原性。

（4）了解介质对氧化还原反应的影响。

（二）实验原理

1. 配合物的形成

周期表中副族元素的特性之一是易形成配合物。大多数配合物是由内界（内界由中心离子与配位体组成，又叫配离子）和外界离子构成。常见的配离子有 $[Ag(NH_3)_2]^+$，$[Fe(SCN)]^{2+}$（血红色），$[FeF_6]^{3-}$，$[Ag(S_2O_3)_2]^{2-}$ 等。配合物的形成，使原物质的某些性质发生改变，如颜色、溶解度和氧化还原性等，且稳定性增加。

2. 配离子的解离平衡

配合物是强电解质，在水溶液中完全解离成配离子和简单外界离子。例如

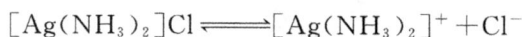

$$[Ag(NH_3)_2]Cl \Longleftrightarrow [Ag(NH_3)_2]^+ + Cl^-$$

配离子较稳定，像弱电解质一样在水溶液中部分解离。例如

$$[Ag(NH_3)_2]^+ \Longleftrightarrow Ag^+ + 2NH_3$$

配离子的解离平衡也是一种离子平衡，当外界环境变化时也能使平衡发生移动。例如：

（1）改变 Ag^+ 或 NH_3 浓度时，可使下列平衡发生移动：

$$[Ag(NH_3)_2]^+ \Longleftrightarrow Ag^+ + 2NH_3$$

（2）在 $[Fe(SCN)]^{2+}$ 配离子溶液中加入 F^- 离子时，反应向生成更稳定的 $[FeF_6]^{3-}$ 配离子方向移动。即

$$[Fe(SCN)]^{2+} + 6\ F^- \Longleftrightarrow [FeF_6]^{3-} + SCN^-$$

若一个配位体中有两个或多个原子连接一个中心离子，形成环状结构，此化合物叫螯合物。很多金属的螯合物具有特征颜色，且难溶于水，故螯合物常用于分析化学中鉴定金属离子。例如，Ni^{2+} 的鉴定反应，即是利用 Ni^{2+} 与丁二肟在弱碱（氨水）条件下生成难溶于水的红

色螯合物沉淀来鉴定 Ni^{2+} 的。

$$[Ni(NH_3)_4]^{2+}_{(aq)}+2 \begin{matrix} CH_3-C=NOH \\ | \\ CH_3-C=NOH_{(aq)} \end{matrix} +2H_2O\,(1)+2OH^-_{(aq)} \Longrightarrow$$

$$+4NH_3 \cdot H_2O_{(1)}$$

3. 卤化银的性质

卤化银中 AgCl,AgBr 和 AgI 依次为白色、浅黄色和黄色沉淀,在 $NH_3 \cdot H_2O$ 或 $Na_2S_2O_3$ 溶液中,因生成 $[Ag(NH_3)_2]^+$ 或 $[Ag(S_2O_3)_2]^{3-}$ 而使某些沉淀溶解。例如

$$AgCl+2NH_3 \Longrightarrow [Ag(NH_3)_2]^+ + Cl^-$$

$$AgCl+2S_2O_3^{2-} \Longrightarrow [Ag(S_2O_3)_2]^{3-} + Cl^-$$

$$AgBr+2S_2O_3^{2-} \Longrightarrow [Ag(S_2O_3)_2]^{3-} + Br^-$$

4. 一些化合物的氧化还原性

在元素周期表的 d 区元素中,许多元素有许多价态。例如,Mn 元素主要价态有 $+2,+4,+6$ 和 $+7$ 价,Cr 元素主要有 $+3$ 和 $+6$ 价,Fe 元素有 $+2$ 和 $+3$ 价。它们的高价态都具有氧化性,低价态都具有还原性,中间价态物质具有氧化还原性。

(1)$KMnO_4$ 和 $K_2Cr_2O_7$ 均是强氧化剂,在不同介质(酸性、中性或碱性)中,其氧化性强弱不同。如 $KMnO_4$ 与 Na_2SO_3 在不同介质中的离子反应如下:

$$2MnO_4^- +5SO_3^{2-} +6H^+ \Longrightarrow 2Mn^{2+} +5SO_4^{2-} +3H_2O$$

$$2MnO_4^- +3SO_3^{2-} +H_2O \Longrightarrow 2MnO_2 \downarrow +3SO_4^{2-} +2OH^-$$

$$2MnO_4^- +SO_3^{2-} +2OH^- \Longrightarrow 2MnO_4^{2-} +SO_4^{2-} +H_2O$$

(2)铬元素的最高价态为 $+6$ 价,其在不同 pH 值范围内可存在 CrO_4^{2-} 和 $Cr_2O_7^{2-}$ 两种形式,二者关系如下:

$$2CrO_4^{2-} +2H^+ \Longrightarrow Cr_2O_7^{2-} +H_2O$$

在酸性介质中,$Cr_2O_7^{2-}$ 具有强氧化性,可将 SO_3^{2-} 氧化成 SO_4^{2-},其离子反应式为

$$Cr_2O_7^{2-} +3SO_3^{2-} +8H^+ \Longrightarrow 2Cr^{3+} +3SO_4^{2-} +4H_2O$$

(3)中间价态物质的氧化还原性,以过氧化氢(H_2O_2)为例。H_2O_2 中氧的氧化数为 -1,故过氧化氢的特征化学性质是氧化性和不稳定性,在一定条件下可表现为还原性。例如

$$H_2O_2 +2I^- +2H^+ \Longrightarrow I_2 +2H_2O$$

$$2MnO_4^- + 5H_2O_2 + 6H^+ \rightleftharpoons 2Mn^{2+} + 5O_2\uparrow + 8H_2O$$

（三）实验仪器和药品

1. 实验仪器

实验所需仪器见下表：

仪器名称	规　格	单　位	数　量
试管	10 mL	支	8
离心试管	5 mL	支	3
试管架		个	1
离心机		台	1

2. 实验药品

实验所需药品见下表：

药品名称	浓　度	药品名称	浓　度
$AgNO_3$	$0.1\ mol\cdot L^{-1}$	$NH_3\cdot H_2O$	$2\ mol\cdot L^{-1}$
NaOH	$2\ mol\cdot L^{-1}$	$FeCl_3$	$0.1\ mol\cdot L^{-1}$
KSCN	$0.1\ mol\cdot L^{-1}$	NaF	$0.1\ mol\cdot L^{-1}$
$NiSO_4$	$0.1\ mol\cdot L^{-1}$	$NH_3\cdot H_2O$	$6\ mol\cdot L^{-1}$
丁二肟		NaCl	$0.1\ mol\cdot L^{-1}$
KBr	$0.1\ mol\cdot L^{-1}$	KI	$0.1\ mol\cdot L^{-1}$
$KMnO_4$	$0.01\ mol\cdot L^{-1}$	H_2SO_4	$3\ mol\cdot L^{-1}$
蒸馏水		NaOH	$6\ mol\cdot L^{-1}$
Na_2SO_3	$0.5\ mol\cdot L^{-1}$	$K_2Cr_2O_7$	$0.1\ mol\cdot L^{-1}$
K_2CrO_4	$0.1\ mol\cdot L^{-1}$	HNO_3	$2\ mol\cdot L^{-1}$
H_2O_2	3%	$Na_2S_2O_3$	$0.2\ mol\cdot L^{-1}$

（四）实验内容

1. Ag(Ⅰ)配离子的生成与解离

取 1 支试管，加入 $AgNO_3$（$0.1\ mol\cdot L^{-1}$）溶液 3 滴，再逐滴加入 $NH_3\cdot H_2O$（$2\ mol\cdot L^{-1}$）。每加 1 滴氨水，要充分振荡试管，直至生成的沉淀完全消失后再多加 1～2 滴氨水。观察并记录现象，写出反应方程式。

根据实验原理，试自行设计实验方案，通过对 $AgNO_3$ 溶液中银离子检验和银氨配合物溶液中的银离子检验对比,说明 $AgNO_3$ 和 $[Ag(NH_3)_2]OH$ 解离情况的区别。

2. Fe(Ⅲ)配离子的生成及转化

取 1 支试管,加入 $FeCl_3$($0.1\ mol \cdot L^{-1}$)溶液 2 滴,加水稀释至无色;再加入 1~2 滴 KSCN($0.1\ mol \cdot L^{-1}$)溶液,观察并记录现象。

在上述试管中再加入 NaF($0.1\ mol \cdot L^{-1}$)溶液,观察颜色的变化,写出反应方程式并解释此现象。

3. Ni(Ⅱ)配合物的生成与颜色变化

在试管中加入 $NiSO_4$($0.1\ mol \cdot L^{-1}$)溶液约 0.5 mL,再加入氨水($6\ mol \cdot L^{-1}$)约 0.5 mL,观察并记录现象。

在上述溶液中再加入 1~2 滴丁二肟溶液,观察鲜红色沉淀的生成。

4. 卤化银的性质

取 3 支离心试管,各加入 2 滴 NaCl($0.1\ mol \cdot L^{-1}$)溶液,再分别滴加 $AgNO_3$($0.1\ mol \cdot L^{-1}$)溶液 5 滴,使 AgCl 沉淀完全。再将 3 支离心试管放在离心机的套管中离心分离(注意位置必须对称),弃去清液后,依次加入 HNO_3($2\ mol \cdot L^{-1}$),$NH_3 \cdot H_2O$($2\ mol \cdot L^{-1}$),$Na_2S_2O_3$($0.2\ mol \cdot L^{-1}$)溶液 5~6 滴,观察并记录实验现象,写出有关的反应方程式。

按上述方法,再依次用 KBr($0.1\ mol \cdot L^{-1}$),KI($0.1\ mol \cdot L^{-1}$)溶液代替 NaCl 溶液,进行同样实验(用量同上),观察并记录实验现象,写出有关的反应方程式。

5. $KMnO_4$ 的氧化性

在 3 支试管中各加入 $KMnO_4$($0.01\ mol \cdot L^{-1}$)溶液 5 滴;第一支试管中加入 H_2SO_4($3\ mol \cdot L^{-1}$)溶液 2 滴,第二支试管中加入蒸馏水 2 滴,第三支试管中加入 NaOH($6\ mol \cdot L^{-1}$)溶液 2 滴;振荡摇匀后,再分别给 3 支试管中加入 Na_2SO_3($0.5\ mol \cdot L^{-1}$)溶液 1 滴。观察实验现象有何区别,写出有关的反应方程式。

6. $K_2Cr_2O_7$ 的氧化性与颜色变化

在试管中加入 $K_2Cr_2O_7$($0.1\ mol \cdot L^{-1}$)溶液 3 滴,加入 H_2SO_4($3\ mol \cdot L^{-1}$)溶液 1 滴,摇匀后加入 Na_2SO_3($0.5\ mol \cdot L^{-1}$)溶液 5~6 滴。观察并记录颜色变化,写出反应方程式。

7. $K_2Cr_2O_7$ 与 K_2CrO_4 的相互转化

取两支试管,第一支里加入 $K_2Cr_2O_7$($0.1\ mol \cdot L^{-1}$)溶液约 0.5 mL,第二支试管中加 K_2CrO_4($0.1\ mol \cdot L^{-1}$)溶液约 0.5 mL,观察两溶液的颜色并记录。在第一支试管($K_2Cr_2O_7$ 溶液)中再加入 NaOH($6\ mol \cdot L^{-1}$)溶液 1 滴,第二支试管(K_2CrO_4 溶液)中再加入 H_2SO_4($3\ mol \cdot L^{-1}$)溶液 1 滴,观察颜色变化并解释原因,写出反应方程式。

8. H_2O_2 的氧化还原性

取 KI($0.1\ mol \cdot L^{-1}$)溶液 10 滴,加 H_2SO_4 溶液 2~3 滴,再加 H_2O_2(3%)溶液 5~6 滴,

观察实验现象,写出反应方程式,并指出哪个是氧化剂。

取 $KMnO_4$($0.01\ mol \cdot L^{-1}$)溶液 5 滴,加 H_2SO_4 溶液 2~3 滴,再加 H_2O_2(3%)溶液 5 滴,观察实验现象,写出反应方程式,并指出哪种物质是还原剂。

(五)思考题

1. 在相同浓度的 $AgNO_3$ 和 $[Ag(NH_3)_2]NO_3$ 溶液中,Ag^+ 离子和 NO_3^- 离子浓度是否相同? 为什么?

2. $[Fe(SCN)]^{2+}$ 溶液中加入 NaF 溶液后,颜色发生变化,为什么会发生此反应?

3. AgCl,AgBr,AgI 在 HNO_3,$NH_3 \cdot H_2O$ 和 $Na_2S_2O_3$ 溶液中的溶解情况有何区别? 如何解释?

4. $KMnO_4$ 在酸性、中性和碱性介质中的氧化性是否相同? 用学过的知识解释为什么。

5. 重铬酸钾和铬酸钾在不同介质中可以互变,铬的价数有无变化?

[附]

电动离心机的使用方法

电动离心机在实验室中用于少量沉淀和溶液的分离。使用时应注意以下两点:

(1)试管放在离心机的套管中,位置必须对称;否则离心机运行不平衡,易损坏机器。若需分离的沉淀试管为 1 支或 5 支,应再放 1 支盛有相等体积水的试管,以保持运转平衡。

(2)打开旋钮,使转速逐渐由小到大,1~2 min 后关闭旋钮。在任何情况下,都不能猛力启动离心机,或在未停止前用手按住离心机的轴使其强制停下来;否则易损坏离心机,且可能发生危险。

第三部分 提高型实验

实验六 分光光度法测定溴百里酚蓝的解离常数

（一）实验目的

(1) 了解分光光度法测定溴百里酚蓝的解离常数的原理和方法。

(2) 了解和掌握酸度计的使用方法。

(3) 掌握溶液的配制方法。

（二）实验原理

溴百里酚蓝是常用的酸碱指示剂，也是弱电解质，在溶液中存在解离平衡：

$$HIn \rightleftharpoons H^+ + In^-$$

其解离常数为

$$K_a^{\ominus} = \frac{c_r(In^-)c_r(H^+)}{c_r(HIn)} \tag{1}$$

取负对数，得其解离常数 $pK_a^{\ominus}$ 与 pH 的关系为

$$pK_a^{\ominus} = pH - \lg \frac{c_r(In^-)}{c_r(HIn)}$$

或写成

$$pH = pK_a^{\ominus} + \lg \frac{c_r(In^-)}{c_r(HIn)} \tag{2}$$

从上式可知，在某一确定的 pH 值下，只要测得 $\frac{c_r(In^-)}{c_r(HIn)}$ 的比值，就可以计算 $pK_a^{\ominus}$。由于 HIn 与 In^- 能够吸收可见光（见图 3-1），因此可以用分光光度法测定 $\frac{c_r(In^-)}{c_r(HIn)}$。

当溶液 pH<4 时，溴百里酚蓝几乎没有解离，全部以 HIn 形式存在，用 1.0 cm 的吸收池在波长 λ（通常选择其最大吸收波长 λ_{max}）下测定溶液的吸光度，吸光度与浓度之间的关系为

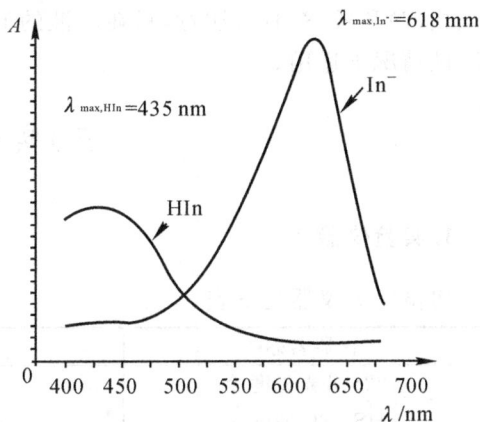

图 3-1 溴百里酚蓝的吸收光谱

$$A^0_{\text{HIn}} = \varepsilon_{\lambda,\text{HIn}} bc(\text{HIn}) = \varepsilon_{\lambda,\text{HIn}} bc^0 \tag{3}$$

同理,当溶液 pH>10 时,溴百里酚蓝几乎全部解离,以 In⁻ 形式存在,此时用 1.0 cm 的吸收池在 λ 波长下测得的吸光度为

$$A^0_{\text{In}^-} = \varepsilon_{\lambda,\text{In}^-} bc(\text{In}^-) = \varepsilon_{\lambda,\text{In}^-} bc^0 \tag{4}$$

当溶液部分解离时,溶液中 HIn 与 In⁻ 共存,在 λ 波长下测量的吸光度为 HIn 和 In⁻ 吸光度之和,即

$$A_x = \varepsilon_{\lambda,\text{HIn}} bc(\text{HIn}) + \varepsilon_{\lambda,\text{In}^-} bc(\text{In}^-) \tag{5}$$

由于 HIn 与 In⁻ 的平衡浓度之和等于弱电解质的总浓度 c^0,即

$$c^0 = c(\text{HIn}) + c(\text{In}^-) \tag{6}$$

将式(3)～式(6)联立求解,得

$$\frac{c(\text{In}^-)}{c(\text{HIn})} = \frac{A^0_{\text{HIn}} - A_x}{A_x - A^0_{\text{In}^-}} \tag{7}$$

将式(7)代入式(2),得

$$\text{pH} = \text{p}K_a + \lg \frac{A^0_{\text{HIn}} - A_x}{A_x - A^0_{\text{In}^-}} \tag{8}$$

式中　　ε——摩尔吸光系数;

　　　　c^0——溶液的总浓度;

　　A^0_{HIn}——强酸介质中的吸光度,此时溴百里酚蓝以 HIn 形式存在;

　　$A^0_{\text{In}^-}$——强碱介质中的吸光度,此时溴百里酚蓝以 In⁻ 形式存在;

　　　A_x——中间 pH 介质中的吸光度,此 pH 由 pH 计测得。

因此 $\text{p}K_a^\ominus$ 可以通过式(8)计算求得。为了消除测定误差,实验中通常用作图法求得 $\text{p}K_a^\ominus$。如图 3-2 所示,pH 对 $\lg \dfrac{A^0_{\text{HIn}} - A_x}{A_x - A^0_{\text{In}^-}}$ 作图,得一直线,其截距(此时 $c[\text{In}^-] = c[\text{HIn}]$)等于 $\text{p}K_a^\ominus$。使用式(2)、式(7)和式(8)时需注意,只在溶液的 pH 接近 $\text{p}K_a^\ominus$ 的情况下适用。

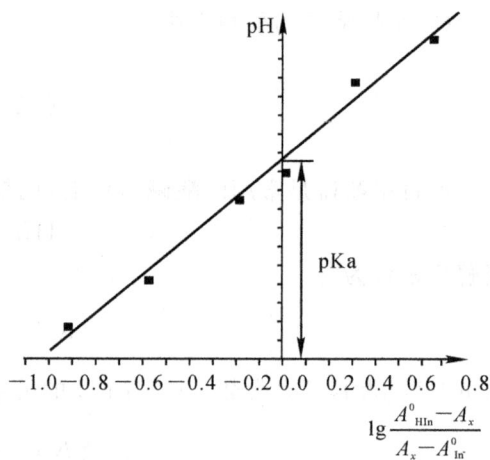

图 3-2　pH 对 $\lg \dfrac{A^0_{\text{HIn}} - A_x}{A_x - A^0_{\text{In}^-}}$ 作图求 $\text{p}K_a^\ominus$

(三)实验仪器与试剂

1. 实验仪器

实验所需仪器见下表:

仪器名称	规　格	单位和数量
722S 分光光度计		1 台
pHS—3C 酸度计		1 台

续　表

仪器名称	规　格	单位和数量
比色管	25 mL	7 只
吸量管(或加液器)	2 mL	1 支

2. 实验试剂

实验所需试剂见下表：

试剂名称	浓度或规格
NaH_2PO_4	$0.20\ mol \cdot L^{-1}$
K_2HPO_4	$0.20\ mol \cdot L^{-1}$
HCl	$6\ mol \cdot L^{-1}$
NaOH	$4\ mol \cdot L^{-1}$
缓冲溶液	pH＝6.86，pH＝4.00

注：溴百里酚蓝 0.1％溶于 20％的乙醇中。

（四）实验步骤

1. 配制溶液

将 7 个 25 mL 比色管编号 1～7。

在 1 号管中加入 1.00 mL 溴百里酚蓝溶液,4 滴 $6\ mol \cdot L^{-1}$ 的 HCl 溶液;2～6 号管中分别加入 1.00 mL 溴百里酚蓝溶液,再分别按照表 3-1 中的试剂用量加入相应体积的磷酸盐溶液;在 7 号管中加 1.00 mL 溴百里酚蓝溶液,5 滴 $4\ mol \cdot L^{-1}$ 的 NaOH。最后用蒸馏水稀释至 25 mL 处的刻度,摇匀。试剂用量见表 3-1。

表 3-1　试剂用量表

室温：_____℃　波长 λ：_____ nm　测量日期：_____

编号	指示剂 mL	NaH_2PO_4 mL	K_2HPO_4 mL	其他试剂	pH	A	$\dfrac{[In^-]}{[HIn]}=\dfrac{A_{HIn}^0-A_x}{A_x-A_{In^-}^0}$	$pK_a^{\ominus}$
1	1.00	0	0	4 滴 HCl		$A_{HIn}^0=0$		
2	1.00	2.5	0.5					
3	1.00	5.0	2.5					
4	1.00	2.5	5.0					
5	1.00	0.5	2.5					
6	1.00	0.5	5.0					
7	1.00	0	0	5 滴 NaOH		$A_{In^-}^0=?$		

2. 用分光光度计测定溴百里酚蓝溶液

用分光光度计,在波长 $\lambda=618$ nm 下,以 1 号溶液作参比溶液(空白溶液),按 2 号～7 号的次序分别测定 6 个溶液的吸光度 A(722S 型分光光度计的工作原理见本实验附 1)。

(1)接通电源开启开关,打开比色池暗箱盖(光路闸刀关闭),使仪器预热 20 min,转动波长调节旋钮,选择波长,其波长可由读数窗口显示。

(2)将盛有参比溶液和待测溶液的比色池置于暗箱中的比色池架上,盛放参比溶液的比色池放在第一格内,待测溶液放在其余空格内。

(3)按动选择显示标尺"模式"键,使"透射比"灯亮。

(4)调"0％":将比色池暗箱盖打开,此时与盖子联动的光路闸刀被关闭,按动"0％"按键,使显示器显示为"0"。若仍未达到"0",可继续加按"0％"按键,直至到达"0"时为止。

(5)调"100％":将比色池暗箱盖合上,此时与盖子联动的光路闸刀被打开,占据第一格的参比溶液恰好对准光路,使光电管受到透射光的照射,按动"100％"按键,使透光率为 100。若仍未达到 100,可继续加按一次"100％"按键,直至达到 100 为止。反复几次调"0"和"100",即打开比色池暗箱盖,按"0％"按键,调整"0";盖上暗箱盖,按"100％"按键,调整"100"。仪器稳定后即可测量。

(6)测量:按动选择显示标尺"模式"键转换到"吸光度"窗口,此时显示窗显示"0"。将比色池定位装置拉杆轻轻地拉出一格,使第二个比色池内的待测溶液进入光路,读出溶液的吸光度值;第二个及第三个比色池中的待测溶液依次进入光路内,读取吸光度值。

测量完毕,关闭电源,取出比色池,洗净后倒置放好。

(7)注意事项:取放比色皿时,应捏住比色皿的两个磨砂面,不应用手指去捏比色皿的两个透光面,以免磨损或玷污可透光面,影响测量精度;比色皿用自来水、去离子水洗净后还需用待测溶液润洗数次,确保注入的待测溶液浓度不变,并用细软而吸水的滤纸将黏附在比色皿外壁的液滴揩干。

3. 溴百里酚蓝溶液 pH 的测定

长期放置的复合电极在使用前必须在蒸馏水中浸泡 8 h 以上。用前先取下电极下端电极保护套,将复合电极的参比电极加液小孔露出,甩去玻璃电极下端气泡,加满复合电极中的内参比液,将复合电极放入电极夹待用。插上电源,打开开关,预热仪器 10 min(pHS—3C 型酸度计的工作原理见本实验附 2)。

在测未知溶液 pH 之前先进行测量前酸度计的工作条件设置,方法如下:

用去离子水或蒸馏水冲洗电极,用滤纸轻轻吸干。

(1)定位调节。使测量准确的步骤叫"定位"。进行操作时,利用酸度计的定位操作按键,将数字调整到已知的 pH=6.86 缓冲溶液的值上,按动"确认"按键确认。

(2)斜率调节。酸度计电极的实际斜率与斜率项 $-\dfrac{2.303\,RT}{F}$ 的理论值有一定的偏差,而且随着使用时间的增加和电极的老化,偏差会更大,因此必须对电极的斜率进行补偿。进行操作时,利用酸度计的斜率操作按键,将数字调整到已知的 pH=4.00 缓冲溶液的值上,按动"确认"按键确认。

(3)温度补偿调节。斜率项 $-\dfrac{2.303\,RT}{F}$ 与溶液的温度 T 成正比,当溶液的温度变化时,电极的斜率也随之变化,因此要设置温度补偿器,使电极在不同温度下,能产生相同的电势变化。进行操作时,利用酸度计的温度补偿按键,将数字调整到测量时的室温,按动"确认"按键确认。

酸度计工作条件设置结束后,酸度计的"定位""斜率""温度"按键不应再有任何变动。

图 3-3 是 pHS—3C 型酸度计的操作流程图。

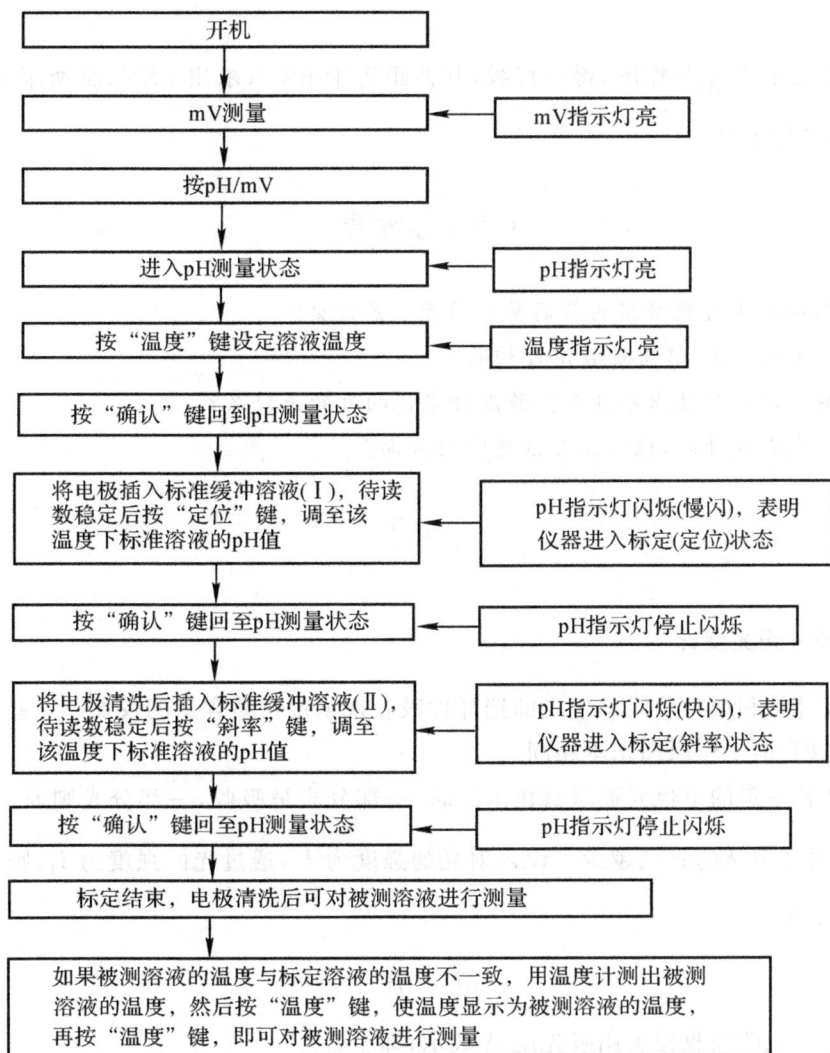

图 3-3 pHS—3C 型酸度计的操作流程图

(4)pH 的测量。经设置好的酸度计,即可用来测定待测溶液的 pH。

实验时依次按编号 6 号~2 号的次序,用酸度计分别测出溶液的 pH。将已洗净的电极浸入被测溶液(此处不用滤纸吸干水),稍稍摇动比色管后静止放置,读取显示屏上数值,即为该被测溶液的 pH。仪器测量时,注意将电极充分搅动后再静止放置,以加速响应;复合电极前端的敏感玻璃球泡,不能与硬物接触,任何破损或擦毛都会使电极失效;测量前和测量后都应用蒸馏水清洗电极以保证测量精度。

测量完毕,应关闭电源开关,用蒸馏水冲洗电极,套好电极帽,填写仪器使用登记本,经教师签字验收后方可离开。

(五)数据处理

以 pH 对 $\lg \dfrac{A_{HIn}^0 - A_x}{A_x - A_{In^-}^0}$ 作图,得一直线,其截距等于 $pK_a^\ominus$;求出 $pK_a^\ominus$;将所求 $pK_a^\ominus$ 值与参考值[①](7.34)进行比较。

(六)思考题

1. 本实验测定溴百里酚蓝的解离常数的原理是什么?
2. 不同 pH 的溶液,解离常数是否相同?
3. 使用酸度计时应注意些什么?酸度计定位的目的是什么?
4. 使用分光光度计时,操作上应注意哪些方面?

[附]

1. 722S 型分光光度计

分光光度计是利用物质对单色光的选择性吸收来测定物质含量的仪器。这些仪器的型号和结构虽然不同,但工作原理基本相同。

当一束波长一定的单色光通过有色溶液时,一部分光被吸收,一部分光则通过溶液,吸收的程度越大,通过溶液的光就越少。设入射光的强度为 I_0,透过光的强度为 I_t,则 $\dfrac{I_t}{I_0}$ 成为透光率,以 T 表示,即

$$T = \frac{I_t}{I_0}$$

有色溶液对光的吸收程度用吸光度 A 表示,即

$$A = \lg \frac{I_0}{I_t}$$

---

① 此数据取自 Lide D. R. CRC Handbook of Chemistry and Physics 78th, 1997—1998。

吸光度 A 与透光率 T 的关系为

$$A=-\lg T$$

实验证明,溶液对光的吸收程度与溶液浓度、液层厚度及入射光的波长等因素有关。如果保持入射光波长不变,则溶液对光的吸收程度只与溶液的浓度和液层厚度有关,即朗伯-比尔(Lambert-Beer)定律(又称为光的吸收定律)。朗伯-比尔定律的数学表达式为

$$A=\varepsilon bc$$

式中　ε——摩尔吸光系数($L \cdot mol^{-1} \cdot cm^{-1}$),它与入射光的性质、温度等因素有关;

　　　b——溶液层的厚度(cm);

　　　c——溶液浓度($mol \cdot L^{-1}$)。

当入射光波长一定时,ε 为溶液中有色物质的一个特征常数。由朗伯-比尔定律可知,当液层的厚度 b 一定时,吸光度 A 就只与溶液的浓度 c 成正比,这就是分光光度法测定物质含量的理论基础。

722S 型分光光度计是在可见光谱区(340~1 000 nm)内进行定量比色分析的分光光度计,仪器的结构示意图和外形如图 3-4 所示。

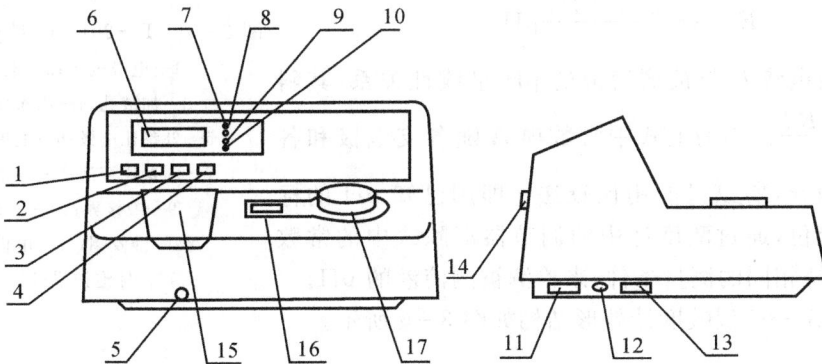

图 3-4　722S 型分光光度计外形图

1—100％T;2—0％T;3—功能扩展键;4—显示标尺;5—试样槽架拉杆;6—显示窗;7—透射比;8—吸光度;
9—浓度因子;10—浓度直读;11—电源插座;12—熔丝座;13—开关;14—串行接口;15—样品室;
16—波长显示窗;17—波长调节钮

2. 雷磁 pHS—3C 型酸度计

酸度计(又称 pH 计)是测定溶液 pH 的常用仪器,也可以用来测定电池的电动势,它具有操作方便、迅速等优点。

酸度计由电极和电计两大部分组成,电极是检测部分,电计是指示部分。

用酸度计测定溶液 pH 的方法是电位测定法。酸度计本身是一个输入阻抗极高的电位计,它可以测量电极的电动势,并将电动势转换成溶液的 pH 而直接表示出来。

测定时,将复合电极(见图 3-5)插入被测溶液中,在溶液中组成电池:

内参比电极	内参比溶液	电极球泡	被测溶液	外参比溶液	外参比电极
（一）$E_{内参}$	$E_{内玻}$	$E_{外玻}$	$E_{液接}$		$E_{外参}$（＋）

其中　$E_{内参}$——内参比电极与内参比溶液之间的电势差；

　　　$E_{内玻}$——内参比溶液与玻璃球泡内壁之间的电势差；

　　　$E_{外玻}$——玻璃球泡外壁与被测溶液之间的电势差；

　　　$E_{液接}$——被测溶液与外参比溶液之间的接界电势；

　　　$E_{外参}$——外参比电极与外参比溶液之间的电势差。

电池的电极电势为各级电势之和，即

$$E = -E_{内参} - E_{内玻} + E_{外玻} + E_{液接} + E_{外参}$$

式中

$$E_{外玻} = E_{玻}^{\ominus} - \frac{2.303\,RT}{E}\mathrm{pH}$$

再设

$$A = -E_{内参} - E_{内玻} + E_{液接} + E_{外参} + E_{玻}^{\ominus}$$

在固定条件下，A 为常数，因此

$$E = A - \frac{2.303\,RT}{F}\mathrm{pH}$$

可见电极电势 E 与被测溶液的 pH 呈线性关系，其斜率为 $\dfrac{-2.303\,RT}{F}$。因为上式中常数项 A 随各支电极和各种测量条件而异，所以只能用比较法。即用已知 pH 的标准缓冲溶液定位，通过酸度计中的调节器消除式中的常数项 A，以便保持相同的测量条件，来检测被测溶液的 pH。

雷磁 pHS—3C 型酸度计外形结构如图 3-6 所示。

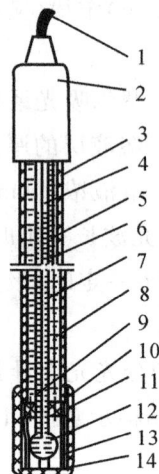

图 3-5　E—201—C 型 pH 复合电极

1—电极电导；2—电极帽；
3—加液孔；4—内参比电极；
5—外参比电极；6—电极支持杆；
7—内参比溶液；8—外参比溶液；
9—液接界；10—密封圈；
11—硅胶圈；12—电极球泡；
13—球泡护罩；14—护套

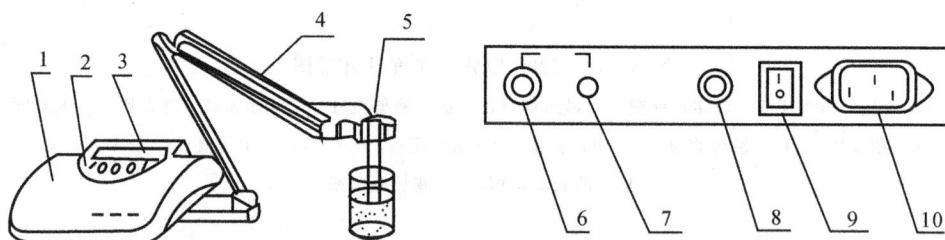

图 3-6　雷磁 pHS—3C 型酸度计外形结构图

1—机箱；2—键盘；3—显示屏；4—多功能电极架；5—电极；6—测电极插座；7—参与电极接口；
8—保险丝；9—电源开关；10—电源插座

实验七　三草酸合铁(Ⅲ)酸钾配合物的合成

（一）实验目的

(1)掌握制备三草酸合铁(Ⅲ)酸钾的原理和方法。

(2)通过配合物的制备掌握基本的无机合成操作。

(3)了解配合物的晶体形状与构型之间的联系。

（二）实验原理

三草酸合铁(Ⅲ)酸钾可由三氯化铁和草酸钾在溶液中反应制得,反应可用离子方程式表示为

$$Fe^{3+}_{(aq)} + 3C_2O_4^{2-}{}_{(aq)} = [Fe(C_2O_4)_3]^{3-}_{(aq)}$$

当溶液中有钾离子存在时,且处于过饱和状态下,即可形成结晶,得到草酸铁配合物,即

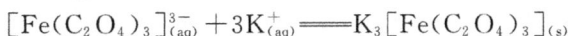

$$[Fe(C_2O_4)_3]^{3-}_{(aq)} + 3K^+_{(aq)} = K_3[Fe(C_2O_4)_3]_{(s)}$$

配合物的几何形状由其配位数决定。配位数的多寡则与中心粒子及配体的大小、种类和结构等因素有关。三草酸合铁(Ⅲ)酸钾 $K_3[Fe(C_2O_4)_3]$ 为明亮的绿色晶体。配离子 $[Fe(C_2O_4)_3]^{3-}$ 为八面体结构(见图3-7)[①],中心离子 Fe^{3+} 的配位数为6。在草酸的两个羧基失去氢形成酸根 $C_2O_4^{2-}$ 后,每个 $C_2O_4^{2-}$ 有两个O原子可以同时提供电子对给中心离子 Fe^{3+} ,形成两条配位键。因此,从 $[Fe(C_2O_4)_3]^{3-}$ 的结构中会发现,每个 Fe^{3+} 周围有3个 $C_2O_4^{2-}$ 配体。称 $C_2O_4^{2-}$ 这样的配体为双齿配体,其属于"螯合配体"。

溶液中结晶形成的难易及晶体大小,受很多因素影响。一般以温度、时间、扰动、溶液性质等为主要原因。通常急速结晶所形成的晶体较小;若静置且不搅动地慢慢结晶,则有机会得到较大晶体。加入小晶体当"晶种",也有助于获得大的单晶。

在本实验中采用室温下静置、自然冷却的方法可使溶液达到过饱和状态,从而析出产物。此外,也可以用加入弱极性溶剂(例如乙醇)的方法,来降低溶剂混合物的极性,使配合物在弱极性溶剂中溶解度降低(相似相溶原理)而结晶析出。但迅速地结晶,得到的晶体会较小且缺陷较多,可再采用"重结晶法",来培养较大且完美的晶体。

$K_3[Fe(C_2O_4)_3]$ 晶体具有一定的光敏性,长时间暴露在阳光下或受热容易分解,使配合物破坏,因此不宜用加热浓缩的方法使之析出晶体。在合成过程的其他操作中也应注意这点。$K_3[Fe(C_2O_4)_3]$ 见光分解的产物为 $[Fe^{2+}(C_2O_4)] \cdot 2H_2O$ 和 CO_2 。

将新鲜制备的 $K_3[Fe(C_2O_4)_3]$ 晶体放置在显微镜下仔细观察,可以清楚地辨认出特征的八面体构型。实际上,它们是 $K_3[Fe(C_2O_4)_3]$ 两种异构体的混合物。这两种异构体分别为 $L-[Fe(C_2O_4)_3]^{3-}$ 和 $R-[Fe(C_2O_4)_3]^{3-}$ 。此外,晶体中还可能混有少量的草酸亚铁杂质。

---

① 　为了更方便地表示构型,图3-7(a)中酸根上的另一个未配位的氧原子未示出。

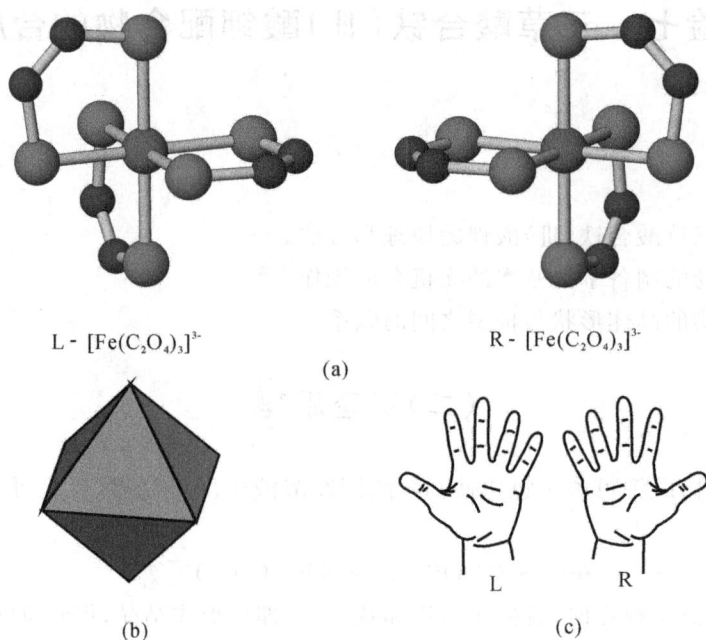

图 3 - 7 [Fe(C₂O₄)₃]³⁻ 的八面体构型

(a)分子结构图；(b)正八面体；(c)L 构型与 R 构型的关系和人的左右手相似

（三）实验仪器和药品

1. 实验仪器

实验所需仪器见下表：

仪器名称	规　格	单　位	数　量
显微镜(公用)		台	4
减压抽滤装置(公用)		套	6
恒温水浴		台	1
玻璃烧杯	50 mL	个	3
玻璃量杯	10 mL	个	1
抽滤漏斗	与抽滤装置配用	个	1
电子天平(公用)	1 000 g	台	3
剪刀(公用)		把	3
滤纸	与抽滤漏斗配用		2
洗瓶、玻棒、胶头滴管、载玻片等			每组各 1 个

2. 实验药品

实验所需药品见下表：

药品名称	规 格	药品名称	规 格
草酸钾	A.P 固体	$FeCl_3 \cdot 6H_2O$	A.P 固体
蒸馏水		无水乙醇	

（四）实验内容

（1）称取 4.0 g 草酸钾放入 50 mL 烧杯中，注入 8 mL 蒸馏水，在 80℃ 恒温水浴中加热，使草酸钾全部溶解。

（2）称取 4.9 g 40％的三氯化铁溶液（为防止水解，不要加热）。一边搅拌一边将该溶液滴入热的草酸钾溶液中，仔细观察并记录溶液中所发生的变化。

（3）继续反应 20～25 min，停止水浴加热。从水浴锅中取出烧杯，放在室温下静置，使反应混合物自然冷却。当烧杯中开始有晶体析出时，用滴管吸取 1～2 滴溶液，滴在一张洁净的载玻片上。在水平方向上轻轻晃动载玻片，使得液滴尽量平铺在载玻片中央。将载玻片放置在显微镜下进行观察。

（4）待烧杯中的反应混合物自然冷却至室温后，此时产物析出较为完全，进行减压过滤。将抽滤后得到的晶体，用 2～3 mL 蒸馏水分两次洗涤后，再用 2 mL 无水乙醇洗涤两次后抽干。

（5）将全部制得的晶体称重后计算产率，最后交给指导老师检视并回收。

（五）数据记录及处理

1. 反应物

将反应物情况记入表 3-2 中。

表 3-2 反应物情况

反应物	$K_2C_2O_4 \cdot H_2O$	$FeCl_3 \cdot 6H_2O$
性状		
质量/g		
物质的量 / mol		

2. 产物

将产物情况记入表 3-3 中。

表 3-3 产物情况

配合物	晶体颜色	晶体外观	配位数	产物质量 / g
$K_3[Fe(C_2O_4)_3] \cdot 3H_2O$				

3. 产率

理论产物（结晶）质量　$W_理=$

实际产物（结晶）质量　$W_实=$

产率　　　　　　$\dfrac{W_实}{W_理}\times100\%=$

（六）思考题

1. 什么是配合物和配离子？它们与一般的离子化合物或者阴、阳离子有什么不同？

2. 进行结晶时，有时可用冰浴法或盐析法，有时则是采用最平常的蒸发溶剂法（常温或煮沸），这些方法使用的原理各是什么？由此得到的结晶（产物）可能有何不同？

3. 除本实验所介绍的合成方法以外，你还能否寻找到其他合成三草酸合铁（Ⅲ）酸钾的途径？如果可以，请比较一下这些方法的优点与缺点。

［附］

生物显微镜的使用方法

（1）打开显微镜电源开关，调节亮度调节开关，使得目镜中的光线达到适宜的强度（光线不可过强，草酸铁为光敏配合物）。

（2）将载玻片放置在显微镜的载物台并用夹片夹紧。旋转转换器，先选取倍数最小的物镜，调节外圈调焦手轮（粗调），在目镜中寻找目标；找到后，再调节内圈调焦手轮（细调），使视野中的晶体图像清晰。

（3）换用高一级倍数的物镜后，视野可能稍稍显得模糊，可以再次调节调焦手轮，使视野清晰。

（4）观察完毕后，取下载玻片，清洗干净，统一回收。关闭显微镜电源，盖好防尘罩后方可离开。

图 3-8 是显微镜结构图。

目镜

止紧螺钉
转换器
物镜
载物台

聚光镜
聚光镜升降手轮
调焦手轮
底座

亮度调节开关

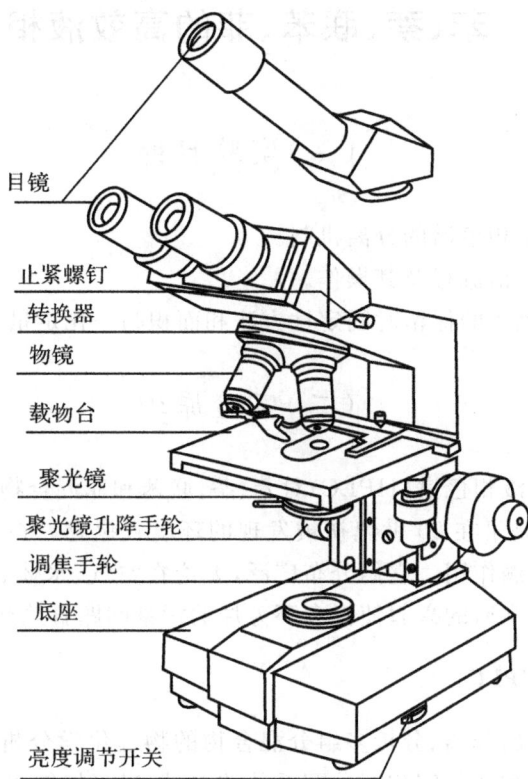

图 3-8 显微镜结构图

实验八　苯、萘、联苯、菲的高效液相色谱分析

（一）实验目的

(1) 了解反向高效液相色谱的分离机制。
(2) 熟悉高效液相色谱流程及其操作。
(3) 掌握高效液相色谱的保留时间定性方法和面积归一化定量方法。

（二）实验原理

本实验是利用高效液相色谱(HPLC)对苯、萘、联苯和菲混合物进行分离分析。

多环芳烃(PHAs)是早在 20 世纪初被发现的环境致癌物。在众多的 PHAs 化合物中有相当一部分有强烈的致癌作用。它们分布广泛,无论在空气、水体、土壤和生物中都能发现它们的踪迹。现代工业和交通的兴起使得多环芳烃的污染问题日趋严重,受到人们的普遍重视。

1. 高效液相色谱(HPLC)

色谱法是一种高效的分离、分析多组分混合物的物理化学分析方法。它利用混合物中各组分在色谱系统的流动相和固定相间分配系数的差异,当两相作相对移动时,各组分在两相间进行多次分配,从而获得分离,并采用合适的检测方法检测流出物。

高效液相色谱以液体为流动相,特别适合于分离分析高沸点、热稳定性差、高极性、高相对分子质量的各种物质。高效液相色谱仪基本流程结构如图 3-9 所示,典型的色谱流出曲线见图 3-10。

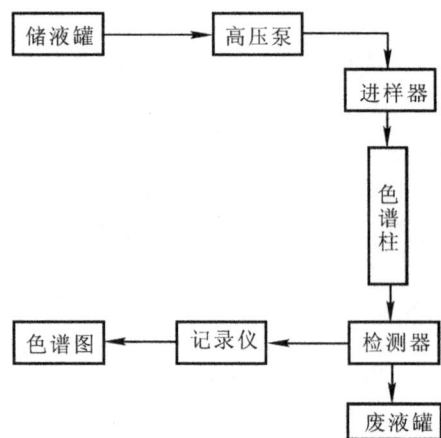

图 3-9　高效液相色谱仪流程示意图

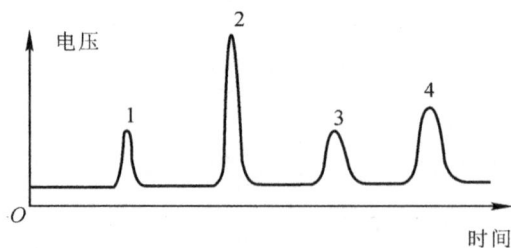

图 3-10　典型的色谱流出曲线

在液相色谱中,若采用非极性固定相(如十八烷基键合相)和极性流动相(如甲醇、水、乙腈

等），这种色谱法称为反相色谱法，是目前应用最广泛的高效液相色谱分离模式。

2. 用已知物对照定性

用已知物对照定性是色谱定性分析中最简便、最可靠的方法。在一定的操作条件下，各组分的保留时间（从进样到组分出现最大浓度的时间称为保留时间，t_R）是一定的，因此，可以用对照已知物和未知物的保留时间的方法来定性。

3. 面积归一法定量

色谱定量方法很多，其中归一化法是最简单直观的一种。在一定的操作条件下，被分析物质的质量 W 与色谱峰面积成正比，即

$$W = f_i A_i$$

式中　A_i——i 组分色谱峰的面积；

　　　f_i——i 组分的质量校正因子，与检测器对该物质的敏感程度有关。

当样品中所有组分均能流出色谱柱并出峰时，可根据组分峰面积大小和质量校正因子，采用归一化定量方法求出各组分的含量。归一化定量公式为

$$W_i = \frac{f_i \times A_i}{f_1 A_1 + f_2 A_2 + \cdots + f_i A_i + \cdots + f_n A_n} \times 100\%$$

（三）实验仪器与试剂

实验所需仪器及试剂见下表：

仪器或试剂名称	规　格
日本日立 L2000 型高效液相色谱仪	紫外吸收检测器（254 nm）C18 柱 15 cm× 4.6 mm
超声发生器	
甲醇	色谱纯
苯、萘、联苯、菲	均为分析纯
超纯水	

（四）实验步骤

（1）配制流动相：将甲醇和水按照体积比 80：20 混合，超声脱气 20 min，备用；

（2）配制标准溶液：分别准确配制苯、萘、联苯和菲的甲醇溶液，前三者浓度均为 $1\ g \cdot L^{-1}$，菲的浓度为 $0.1\ g \cdot L^{-1}$；

（3）按照仪器操作说明书使仪器正常运行，并将实验条件调节为流动相流速为 0.8 mL/min，检测器工作波长为 254 nm；

（4）依次注入苯、萘、联苯、菲标准溶液各 20 μL，记录各自的色谱图，记下各物质的保留时间和峰面积，填入表 3－4 中；

（5）注入待测样品 20 μL，记录待测样品色谱图，记下各组分的保留时间及其峰面积，填入

表 3-5 中；

(6)处理实验数据,编制并打印实验报告；

(7)实验结束后,用脱气后的甲醇冲洗色谱系统 20 min,按要求关好仪器。

表 3-4　标准物质的保留时间和峰面积

项目　　　　　物质	苯	萘	联苯	菲
保留时间 t_R/min				
峰面积				
质量校正因子				

表 3-5　待测样品各组分的保留时间、峰面积

峰号	1	2	3	4	5	6
保留时间 t_R/min						
组分名						
峰面积						
质量分数/(%)						

（五）数据处理

(1)按照保留时间,确定待测样品中各组分的出峰次序；

(2)计算各物质的质量校正因子；

(3)计算待测样品中各组分的质量分数。

（六）思考题

1.为什么各组分的保留时间会不同？如何用普通化学所学知识解释不同组分之间的分离差别？

2.用已知物的保留时间对照定性是否绝对可靠？如何提高这种方法定性的可靠性？

3.若样品中有些组分不出峰,能否用归一化法进行定量？此时,可采用哪些方法定量？

实验九　目视催化动力学法测定钼(Ⅵ)

(一)实验目的

(1)了解利用 Landolt 效应测定微量催化剂钼(Ⅵ)的原理和方法。

(2)练习移液管的使用。

(3)培养和训练学生理论联系实际、综合运用实验有关知识和开发和设计实验的能力。

(二)实验原理

钼(Mo)的用途广泛,在冶金工业中常作为生产各种合金钢的添加剂,以提高金属材料的高温强度、耐磨性和抗腐蚀性。金属钼大量用作高温电炉的发热材料和结构材料、真空管的大型电极和栅极、半导体及电光源材料。因钼的热中子俘获截面小并具有高持久强度,还可用作核反应堆的结构材料。在化学工业中,钼的化合物主要用于润滑剂、催化剂和颜料。钼化合物在农业肥料中也有广泛的用途,钼是固氮酶和硝酸还原酶的组成元素,缺钼会影响根瘤固氮和蛋白质的合成。钼还能促进作物对磷的吸收和无机磷向有机磷的转化,钼在维生素 C 和碳水化合物的生成、运转和转化中也起着重要作用。同时,钼作为生物体内一种重要的微量元素,对生物体的生长、发育和代谢必不可少。随着工农业的发展,钼的应用范围逐渐扩大,其对于人类生存环境和人体健康的影响也引起了人们的关注。因此,研究和建立起测定微量钼的方法就显得尤为重要。

在酸性条件下,$KBrO_3$ 和 KI 可发生氧化还原反应:

$$BrO_3^- + 6I^- + 6H^+ = 3I_2 + Br^- + 3H_2O \tag{1}$$

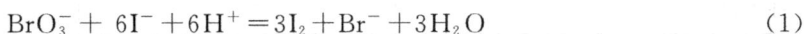

测得其速率方程式为

$$v = kc(BrO_3^-) \cdot c(I^-) \cdot c^2(H^+)$$

加入 $Na_2S_2O_3$ 后,产生 Landolt 效应:

$$2S_2O_3^{2-} + I_2 = S_4O_6^{2-} + 2I^- \tag{2}$$

反应(2)的速率要比反应(1)的速率快得多,瞬间完成。故反应(1)生成的 I_2 立即与 $S_2O_3^{2-}$ 作用,生成无色的 $S_4O_6^{2-}$ 和 I^-。若向体系中加入淀粉,则 $Na_2S_2O_3$ 一旦耗尽,反应(1)生成的 I_2 就立即与淀粉指示剂作用,使混合液呈蓝色。因此,从反应开始混合到溶液出现蓝色的时间(称之为诱导时间,用 t 表示),意味着 $Na_2S_2O_3$ 全部耗尽。

钼(Ⅵ)对反应(1)有明显的催化作用,作为催化剂的钼离子浓度 $c(Mo(Ⅵ))$ 与诱导时间 t 的倒数 $1/t$ 之间有线性关系:

$$\frac{1}{t} = a + bc(Mo(Ⅵ))$$

没有催化剂存在时,反应的诱导时间用 t_0 表示(亦可称之为空白值)。在一定实验条件下,t_0,a 和 b 均为常数。对含钼试样,测得其诱导时间 t 后,代入上式即可求出试样中的 $Mo(Ⅵ)$ 含量。

（三）实验仪器和药品

1. 实验仪器

实验所需仪器见下表：

仪器名称	规　格	单　位	数　量
电动磁力搅拌器	85－1	台	1
搅拌子		个	1
秒表		个	1
二孔式恒温水浴锅	HH—2型	台	3（公用）
烧杯	100 mL	个	2
移液管	5 mL	支	1
移液管	1 mL	支	1
洗耳球		个	1
移液管架		个	1
试管架		个	1
大试管		只	8
容量瓶	100 mL	个	1
容量瓶	250 mL	个	1
量筒	10 mL	个	5
玻璃搅拌棒		根	1
计算机		台	4（公用）

2. 实验药品和试剂

实验所需药品和试剂见下表：

药品名称	浓　度
KI	0.01 mol/L
$KBrO_3$	0.04 mol/L
$Na_2S_2O_3$	0.001 mol/L
HCl	0.1 mol/L
淀粉	2%
Mo(Ⅵ)标准溶液①	含 Mo(Ⅵ) 0.2mg/mL
Mo(Ⅵ)合成样②	含 Mo(Ⅵ) 0.2mg/mL
蒸馏水	

---

① 由 $(NH_4)_6Mo_7O_{24} \cdot 4H_2O$ 溶于蒸馏水中配制得到。

② 合成样的组成：含 Fe^{3+} 0.03 mg/mL，Cu^{2+} 0.3 mg/mL，Co^{2+} 0.2 mg/mL，Mo(Ⅵ) 0.2 mg/mL。

（四）实验内容

1. 温度的影响[①]

温度的影响实验中试剂的用量见表 3－6。

（1）室温下，于一支试管中加入 5 mL HCl，5 mL KBrO$_3$，5 mL 蒸馏水和 2 滴淀粉溶液，摇匀。在另一支试管中加入 5 mL KI 和 5 mL Na$_2$S$_2$O$_3$ 溶液，摇匀。把第二支试管中的溶液迅速倒入第一支试管中，同时用玻璃棒搅拌，并启动秒表开始计时，待溶液刚出现蓝色时按停秒表，记录诱导时间 t_0（即空白值）。

（2）室温下，用移液管准确量取 1 mL 的钼（Ⅵ）标准溶液于一支试管中，再向其中加入 5 mL HCl，5 mL KBrO$_3$，4.0 mL 蒸馏水和 2 滴淀粉溶液，摇匀。在另一支试管中加入 5 mL KI 和 5 mL Na$_2$S$_2$O$_3$ 溶液，摇匀。把第二支试管中的溶液迅速倒入第一支试管中，同时用玻璃棒搅拌，并启动秒表开始计时，待溶液刚出现蓝色时按停秒表，记录诱导时间 t。

（3）分别在比室温高约 5℃，10℃，15℃ 的恒温水浴锅中重复上述实验(1)和(2)，测其空白值 t_0 和 0.2 mg Mo（Ⅵ）存在下的诱导时间 t，观察温度变化对诱导时间的影响，讨论 $1/t - 1/t_0$ 的值随温度的变化趋势。你发现有什么规律？

表 3－6　温度的影响实验中试剂的用量

编　号			第一组		第二组		第三组		第四组	
			室温		～室温＋5℃		～室温＋10℃		～室温＋15℃	
			1－1	1－2	2－1	2－2	3－1	3－2	4－1	4－2
试剂用量 mL	试管 1	Mo(Ⅵ)（0.2mg/mL）	0	1	0	1	0	1	0	1
		HCl（0.1M）	5	5	5	5	5	5	5	5
		KBrO$_3$（0.04M）	5	5	5	5	5	5	5	5
		H$_2$O	5	4	5	4	5	4	5	4
		淀粉（2%）	2 滴	2 滴	2 滴	2 滴	2 滴	2 滴	2 滴	2 滴
	试管 2	KI（0.01M）	5	5	5	5	5	5	5	5
		Na$_2$S$_2$O$_3$（0.001M）	5	5	5	5	5	5	5	5
Mo(Ⅵ)浓度（μg/mL）										
时间 t/s			$t_0=$	$t=$	$t_0=$	$t=$	$t_0=$	$t=$	$t_0=$	$t=$
$1/t-1/t_0$（s^{-1}）										

[①]　温度升高，反应速率加快，故诱导时间减小。随着温度的升高，$1/t-1/t_0$ 的值增大，表明测定的灵敏度提高。但温度过高，对碘与淀粉的显色反应不利，且在 Mo（Ⅵ）浓度较大情况下会出现诱导时间太短而使目视法测量误差较大的现象。而温度过低，反应又相对耗时。结合灵敏度、诱导时间、测量准确度以及测量的线性范围综合考虑，适宜温度为 15～40℃。

2. 钼工作曲线的绘制[①]

取两只 100 mL 的烧杯,用移液管准确量取 a(mL)的钼标准溶液于 1 号烧杯中,再向其中加入 10 mL HCl,10 mL KBrO₃ 和(10$-a$) mL 蒸馏水,并加入 3 滴淀粉溶液,置于搅拌器上,搅匀。量取 10 mL KI 和 10 mL Na₂S₂O₃ 于 2 号烧杯中,摇匀。在搅拌下将 2 号烧杯溶液迅速倒入 1 号烧杯中,同时开启秒表。待溶液刚出现蓝色时按停秒表,记录诱导时间 t,钼工作曲线实验试剂用量见表 3-7(a 依次为 0 mL,0.5 mL,1 mL,2 mL,4 mL)。

用 Origin 软件以 $1/t$(单位:s^{-1})对钼离子浓度 c(Mo(Ⅵ))(单位:$\mu g/mL$)作图,绘制钼工作曲线并求其线性回归方程。

表 3-7　钼工作曲线实验试剂用量

温度:_____℃

	编　　号		1	2	3	4	5
试剂用量 mL	1 号 杯	Mo(Ⅵ)(0.2mg/mL)	0	0.5	1	2	4
		HCl (0.1M)	10	10	10	10	10
		KBrO₃(0.04M)	10	10	10	10	10
		H₂O	10	9.5	9	8	6
		淀粉(2%)	3 滴	3 滴	3 滴	3 滴	3 滴
	2 号 杯	KI (0.01M)	10	10	10	10	10
		Na₂S₂O₃(0.001M)	10	10	10	10	10
Mo(Ⅵ)浓度（μg/mL）							
时间 t/s							
$\dfrac{1}{t}$/s⁻¹							

3. 合成样中钼含量的测定 [②]

用移液管准确量取 1 mL 合成样于 1 号烧杯中,再向其中加入 10 mL HCl,10 mL KBrO₃ 和 9 mL 蒸馏水,并加入 3 滴淀粉溶液,置于搅拌器上,搅匀。量取 10 mL KI 和 10 mL Na₂S₂O₃ 于 2 号烧杯,摇匀。在搅拌下将 2 号烧杯溶液迅速倒入 1 号烧杯中,同时开启秒表。待溶液刚显蓝色时按停秒表,记录诱导时间 t。重复测定 1 次,将所测的 t 值分别带入钼线性回归方程中,求出合成样中钼含量,并求其平均值和测定的相对误差。

---

① 若实验中没有温度调控装置,可以就简选择室温下测定钼,绘制钼工作曲线。25℃时,钼工作曲线的线性范围为 0~52 μg/mL,即诱导时间的倒数 $1/t$ 和钼离子浓度在 0~52 μg/mL 范围内呈线性关系。而 35℃时,钼工作曲线的线性范围为 0~32 μg/mL。因此,本实验中绘制的钼工作曲线仅为实际钼工作曲线的一部分。

② 合成样必须保证要和钼工作曲线实验在同一温度下测定。实际样品测定中,一般平行测定 3~6 次。因为实验课时间限制,这里选择平行测定两次。

（五）实验思考题

1. 实验中，为什么必须控制反应温度？如何确定体系的适宜反应温度？

2. 诱导时间的测量误差主要由哪些因素引起？如何减小测量误差？

3. 该实验中，$Na_2S_2O_3$ 也称为诱导剂。硫脲、盐酸羟胺、抗坏血酸（即 Vc）等也可将 I_2 还原为 I^-，它们能否替代 $Na_2S_2O_3$ 作为本实验的诱导剂？请自己设计实验方案并进行试验探究。

［附］

用 Origin 软件绘制钼工作曲线的方法

1. Origin 软件简介

Origin 是美国 OriginLab 公司开发的图形可视化和数据分析软件，是科研人员和工程师常用的高级数据分析和制图工具。由于其简单易学、操作灵活、功能强大，既可以满足一般用户的制图需要，也可以满足高级用户数据分析、函数拟合的需要，是国际流行的分析软件之一。

Origin 具有两大主要功能：数据分析和绘图。Origin 的数据分析主要包括统计、信号处理、图像处理、峰值分析和曲线拟合等各种完善的数学分析功能。准备好数据后，进行数据分析时，只需选择所要分析的数据，然后再选择相应的菜单命令即可。Origin 的绘图是基于模板的，Origin 本身提供了数十种二维和三维绘图模板，而且允许用户自己定制模板。绘图时，只要选择所需要的模板就行。用户可以自定义数学函数、图形样式和绘图模板，可以和各种数据库软件、办公软件、图像处理软件等方便地连接。Origin 可以导入包括 ASCII，Excel，pClamp 在内的多种数据。另外，它可以把 Origin 图形输出到多种格式的图像文件，譬如 JPEG，GIF，EPS，TIFF 等。使用 Origin 就像使用 Excel 和 Word 那样简单，只需点击鼠标，选择菜单命令就可以完成大部分工作，获得满意的结果。像 Excel 和 Word 一样，Origin 是个多文档界面应用程序。它将所有工作都保存在 Project(＊.opj)文件中。

在化学实验数据处理中，手工作图虽然直接，但随意性较大，且误差大小也因人而异，处理起来很烦琐。同一组数据不同的操作者处理，得到的结果很可能是不同的；即使同一个操作者在不同时间处理，结果也不会完全一致。而计算机数据处理软件，如 Microsoft Excel 和 Origin 等的应用，提高了数据处理效率和准确性。

化学实验数据处理过程一般为，对实验数据作图或对数据经过计算后作图或作数据点的拟合线。Origin 软件具有强大的线性回归和曲线拟合功能，其中最具有代表性的是线性回归和非线性最小平方拟合，提供了 20 多个曲线拟合的数学表达式，能满足科技工作中的曲线拟合要求。此外，Origin 软件还能方便地实现用户自定义拟合函数，以满足特殊要求，在化学实验数据处理过程中能简化数据处理难度。用 Origin 软件处理实验的数据，只要方法选择合适，则得到的结果更为准确。

2. Origin 软件的一般用法

（1）数据作图。Origin 可绘制散点图、点线图、柱形图、条形图或饼图以及双 Y 轴图形等，在化学实验中通常使用散点图或点线图。

Origin 有如下基本功能:①输入数据并作图;②将数据计算后作图;③数据排序;④选择需要的数据范围作图;⑤数据点屏蔽。

(2)线性拟合。在绘出散点图或点线图后,选择 Analysis 菜单中的 Fit Linear 即可对图形进行线性拟合。结果记录中显示拟合直线的公式、斜率和截距的值及其误差,相关系数和标准偏差等数据。在线性拟合时,可屏蔽某些偏差较大的数据点,以降低拟合直线的偏差。

(3)非线性曲线拟合。Origin 提供了多种非线性曲线拟合方式:①在 Analysis 菜单中提供了如下拟合函数:多项式拟合、指数衰减拟合、指数增长拟合、s 形拟合、Gaussian 拟合、Lorentzian 拟合和多峰拟合;在 Tool 菜单中提供了多项式拟合和 s 形拟合。② 在 Analysis 菜单中的 Non-linear Curve Fit 选项提供了许多拟合函数的公式和图形。③在 Analysis 菜单中的 Non-linear Curve Fit 选项可让用户自定义函数。

在处理实验数据时,可根据数据图形的形状和趋势选择合适的函数和参数,以达到最佳拟合效果。多项式拟合适用于多种曲线,且方便易行,其操作方法如下:

1)对数据作散点图或点线图。

2)选择 Analysis 菜单中的 Fit Polynomial 或 Tool 菜单中的 Polynomial Fit,打开多项式拟合对话框,设定多项式的级数、拟合曲线的点数、拟合曲线中 X 的范围。

3)点击 OK 或 Fit 即可完成多项式拟合。

3. 用 Origin 8.0 软件绘制钼工作曲线的方法步骤

(1)鼠标左键双击桌面 Origin 8.0 图标 ,打开 Origin 软件,出现图 3-11 所示界面。

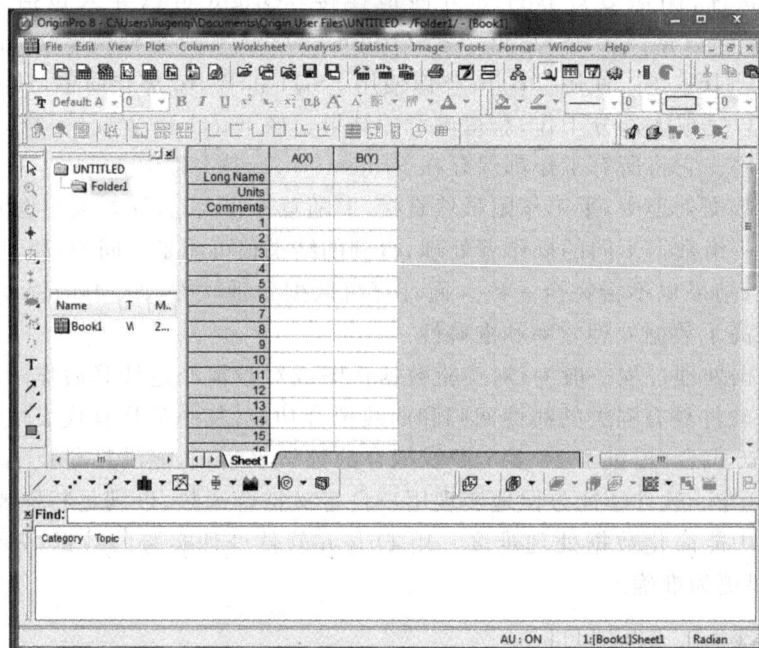

图 3-11

（2）将横坐标、纵坐标名称和单位以及某温度下的实验数据输入表中（见图3－12）。

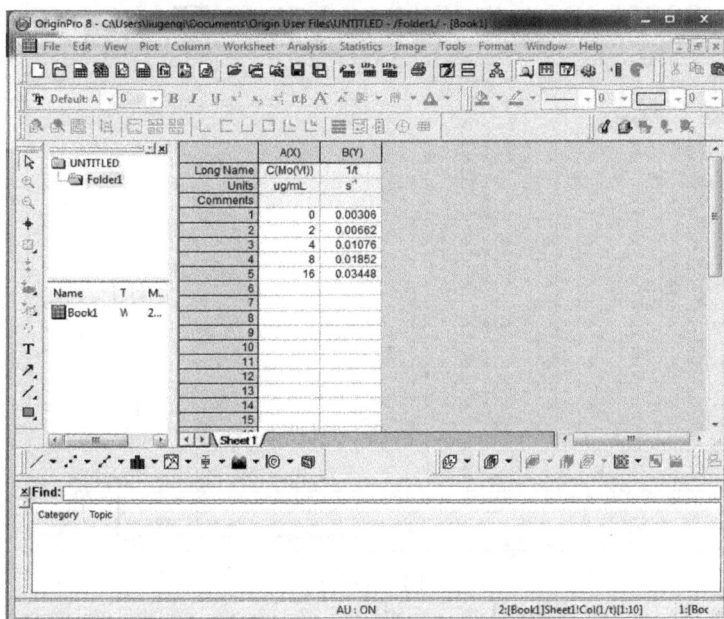

图　3－12

（3）压住鼠标左键选定表中的实验数据（见图3－13），再用鼠标左键单击散点绘制图标（或在菜单栏中选择绘图菜单 Plot→Symbol→Scatter，鼠标左键单击 Scatter 即可），绘出散点图（见图3－14）。

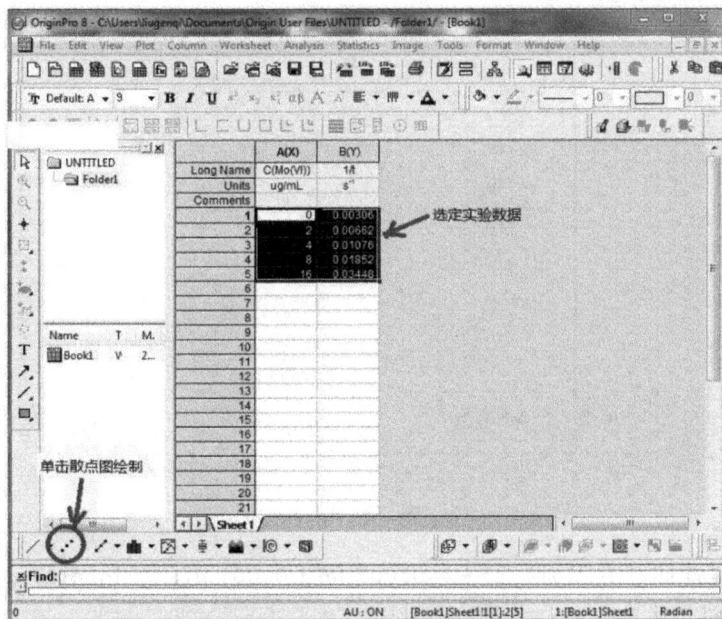

图　3－13

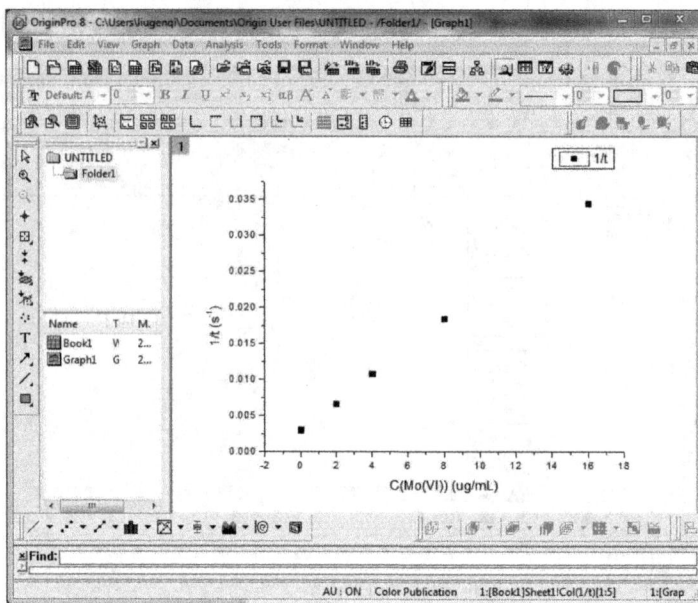

图 3-14

（4）选择 Analysis 菜单中的 Linear Fit，弹出一个对话框，鼠标左键点击对话框最下面的 OK 即可对图形进行线性拟合（见图 3-15）。

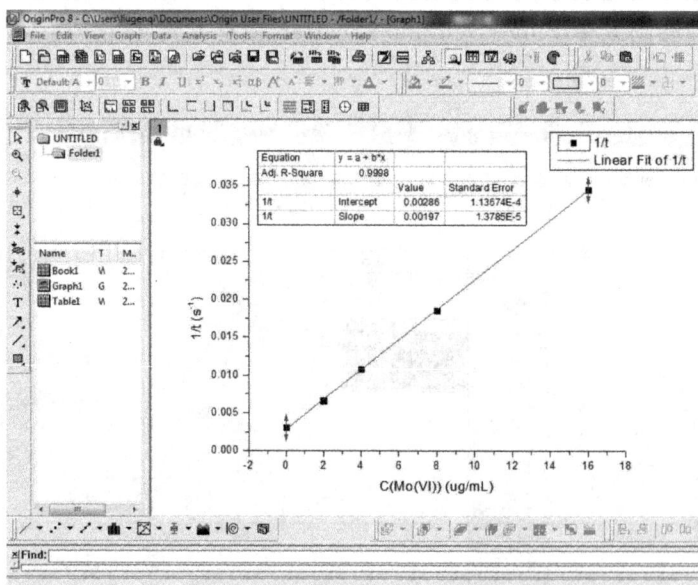

图 3-15

图中直线的线性回归方程为 $\dfrac{1}{t}=0.00286+0.00197C(Mo(VI))$

相关系数 $r=0.9998$

式中，$1/t$ 单位为 s^{-1}，钼离子浓度 $c(Mo(VI))$ 单位为 $\mu g/mL$。

（5）保存文件至选定的文件夹中，并打印出来。

实验十　EDTA 滴定法测定水中钙镁的含量

（一）实　验　目　的

（1）了解硬度的常用表示方法。

（2）了解配合滴定的基本原理，掌握用配合滴定法测定水中钙镁含量、钙含量的原理和方法。

（3）掌握铬黑 T,钙指示剂的使用条件和终点变化。

（二）实　验　原　理

配合滴定法是以配位反应为基础的一种滴定分析法，可用于对金属离子进行测定。作为配合滴定的反应必须符合生成的配合物要有确定的组成；生成的配合物要有足够的稳定性；配合反应速度要足够快；要有适当的反映化学计量点到达的指示剂等条件。

1. 配合滴定标准溶液的制备

配合滴定中广泛应用的标准溶液是乙二胺四乙酸的二钠盐，简称 EDTA,通常含两个分子的结晶水，分子式用 $NaH_2Y \cdot 2H_2O$ 表示，为白色结晶粉末。

由于 EDTA 与各种价态的金属离子配合，一般都形成配合比为 1:1 的配合物，为计算简便，EDTA 标准溶液通常都用摩尔浓度表示。

EDTA 标准溶液可用基准级的固体直接配成；但一般都是间接法先配成大约浓度，再用基准物质如碳酸钙、硫酸镁、氧化锌、金属锌等标定，终点确定采用金属指示剂。

例如，用锌标定 EDTA 时，在 pH 为 10（氨缓冲溶液）条件下，以铬黑 T（简称 EBT）作指示剂来说明颜色变化过程及终点判断。

滴定前，在溶液中加入铬黑 T 指示剂，则指示剂阴离子（以 In 表示）与 Zn^{2+} 离子生成红色配合物，即

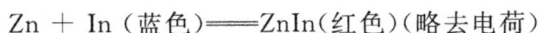

$$Zn + In（蓝色）=\!\!=\!\!= ZnIn（红色）（略去电荷）$$

滴定开始至等当点[①]前，逐滴加入的 EDTA 与 Zn^{2+} 离子配合，形成稳定的无色配合物，即

$$Zn + Y =\!\!=\!\!= ZnY（无色）$$

等当点时，继续滴下去的 EDTA 夺取红色 ZnIn 配合物中的 Zn^{2+} 离子，而使指示剂阴离子游离出来，溶液呈现指示剂的蓝色，即

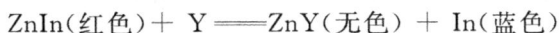

$$ZnIn（红色）+ Y =\!\!=\!\!= ZnY（无色）+ In（蓝色）$$

根据溶液颜色由红到蓝的急剧变化，可以确定滴定终点。

---

① 在滴定分析中，用标准溶液对被测溶液进行滴定，当反应达到完全时，两者以相等当量化合，这一点称为等当点，通常以指示颜色的突变作为等当点到达的信号。准确地确定等当点是滴定分析的关键。

　　用锌标定 EDTA 还可以在 pH 为 5.5（用六次甲基四胺作缓冲溶液）时，用二甲酚橙作指示剂，滴定进行到由红色变为亮黄色为终点。

　　由于本实验测定钙、镁含量在 pH＝10 的条件下，故选用铬黑 T 指示剂进行标定。

2. 水的总硬度测定

　　天然水的硬度一般由 Ca^{2+}，Mg^{2+} 来决定，水中 Ca^{2+}，Mg^{2+} 等盐的含量称为水的硬度。其他 Fe^{3+}，Al^{3+}，Mn^{2+}，Sn^{2+}，Zn^{2+} 等金属同时也会造成硬度，但一般情况下，它们的存在量很少。硬度是衡量水质好坏的重要指标之一。

　　水的总硬度包括碳酸盐硬度和非碳酸盐硬度。

　　碳酸盐硬度主要是由钙、镁的碳酸氢盐[$Ca(HCO_3)_2$，$Mg(HCO_3)_2$，$Fe(HCO_3)_2$]所形成的硬度，还有少量的碳酸盐硬度。碳酸氢盐硬度经加热之后分解成沉淀物从水中除去，故亦称为暂时硬度。非碳酸盐硬度主要是由钙镁的硫酸盐、氯化物和硝酸盐等盐类所形成的硬度。这类硬度不能用加热分解的方法除去，故也称为永久硬度，如 $CaSO_4$，$MgSO_4$，$CaCl_2$，$MgCl_2$，$Ca(NO_3)_2$，$Mg(NO_3)_2$ 等。

　　滴定水中钙镁离子的总量，并以 CaO 进行计算，可以得到水的总硬度。一般采用在 pH＝10 的氨性缓冲溶液中，以铬黑 T 作指示剂，用 EDTA 标准溶液直接滴定钙镁的含量。

　　水中的铁、铝等干扰离子用三乙醇胺掩蔽，锰离子用盐酸羟胺掩蔽，铜等重金属离子可用 KCN，Na_2S 掩蔽。

　　硬度的表示方法尚未统一，我国使用较多的表示方法有两种：一种是将所测得的钙、镁折算成 CaO 的质量，即每升水中含有 CaO 的毫克数表示，单位为 $mg \cdot L^{-1}$；另一种以度计，1 硬度单位表示 10 万份水中含 1 份 CaO（即每升水中含 10 mg CaO），$1° = 10 \times 10^{-6} CaO$，这种硬度的表示方法称作德国度。

　　测定结果根据下面的公式来计算：

$$总硬度(mg/L) = \frac{c_{EDTA}V_{EDTA,1}M_{CaO}}{V_{水样}} \times 1\,000$$

$$总硬度(度) = \frac{c_{EDTA}V_{EDTA,1}M_{CaO}}{V_{水样} \times 10} \times 1\,000$$

$$钙硬度(mg/L) = \frac{c_{EDTA}V_{EDTA,2}M_{CaO}}{V_{水样}} \times 1\,000$$

（三）实验仪器和药品

　　实验所需仪器和药品见下表：

仪器或试剂名称	规　　格	单位及数量
烧杯	100 mL	1个
锥形瓶	250 mL	1个
量筒	50 mL	1支
洗耳球		1个

续　表

仪器或试剂名称	规　格	单位及数量
滴定管	50 mL	1 支
量筒	10 mL	2 个
自来水		
三乙醇胺	(1+2)	
EDTA 标准溶液	0.01 mol/L	
NH_3 - NH_4Cl 缓冲溶液	pH=10	
盐酸羟胺	1%	
NaOH 溶液	10%	
钙指示剂		
铬黑 T 指示剂		

（四）实验步骤

1. 水中总硬度的测定

量取自来水 50.00 mL 于锥形瓶中（同时取 3 份），加盐酸羟胺 1～2 mL（约 1 滴管），三乙醇胺 1～2 mL，摇匀，吹洗，放置 2～3 min，加缓冲溶液 10 mL，加入铬黑 T 指示剂 1～2 滴，立即用EDTA标准溶液[①]（约0.01 mol/L）滴定，注意慢滴多摇[②]，直至溶液由紫红色变蓝色为止，记下所用 EDTA 标准溶液的体积 V_1（$=V_{终}-V_{初}$）。用同样的方法平行作 3 份，分别记录为 V_1'，V_1'' 和 V_1'''。

根据所取水样和 EDTA 的用量，计算水的总硬度（CaO：mg/L）。

2. 钙硬的测定

量取澄清水样 50.00 mL 于 250 mL 锥形瓶中，加 10%NaOH 溶液 5 mL（调节溶液呈强碱性以掩蔽镁离子，使镁离子生成氢氧化物沉淀），摇匀，加入钙指示剂 1～2 滴，再摇匀，溶液呈淡红色，用 EDTA 标准溶液滴定至纯蓝色，即为终点，记下所用 EDTA 标准溶液的体积 $V_2=(V_{终}-V_{初})$。同样的方法平行作 3 份，分别记录为 V_2'，V_2'' 和 V_2'''。

根据 EDTA 的用量，计算水中钙的硬度（CaO：mg/L）。

[①]　EDTA 标准溶液的配制和标定见本实验正文后附。

[②]　滴定过程是配合物的解离和形成过程。反应速率较慢，特别是终点前，要慢滴多摇，各份滴定速度也应控制得差不多，否则影响精度。

3. 实验数据记录及处理

(1)水中总硬度的测定(见表 3-8)。

表 3-8　水中总硬度的测定

室温:＿＿＿＿＿℃　　　测量日期:

项　目 ＼ 次　数	I	II	III
$c(EDTA)/mol \cdot L^{-1}$		0.01	
$V_{水样}/mL$		50.00	
$V_{初}(EDTA)/mL$			
$V_{终}(EDTA)/mL$			
$V_1(EDTA)/mL$	$V_1' =$	$V_1'' =$	$V_1''' =$
$\bar{V}_1(EDTA)/mL$			
总硬度$/mg \cdot L^{-1} = \dfrac{c_{EDTA}\bar{V}_1 M_{CaO}}{V_{水样}} \times 1\,000$			

(2)钙硬度的测定(见表 3-9)。

表 3-9　钙硬度的测定

项　目 ＼ 次　数	I	II	III
$c(EDTA)/mol \cdot L^{-1}$		0.01	
$V_{水样}/mL$		50.00	
$V_{初}(EDTA)/mL$			
$V_{终}(EDTA)/mL$			
$V_2(EDTA)/mL$	$V_2' =$	$V_2'' =$	$V_2''' =$
$\bar{V}_2(EDTA)/mL$			
钙硬度$/mg \cdot L^{-1} = \dfrac{c_{EDTA}\bar{V}_2 M_{CaO}}{V_{水样}} \times 1\,000$			

(五)思考题

1. 什么叫水的硬度? 水的硬度单位有几种表示方法?

2. 用 EDTA 测定水的硬度时,应注意哪些方面?

［附］

EDTA 标准溶液的配制和标定

1. 配制

(1)计算:欲配制 0.01 mol/L 的 EDTA 溶液 300 mL 需 $NaH_2Y \cdot 2H_2O$ 固体(相对分子量为 372.26)多少克?

(2)称取 EDTA 二钠盐固体于小烧杯中,加 50 mL 水,稍加热溶解,冷却后转移至试剂瓶中,用蒸馏水稀释至 300 mL,摇匀,待标定。

2. 标定

(1)准确称取一定量的氧化锌(计算好)置于小烧杯中,用洗瓶滴几滴水润湿,逐滴加入稀盐酸摇动,使之溶解,溶后用水洗烧杯和玻棒,然后转入 250 mL 容量瓶中,并稀释至刻度,摇匀。

(2)吸取锌溶液 20 mL 于锥形瓶中(同时取 3 份),各加水 20 mL,氨缓冲溶液 5 mL,铬黑T 指示剂,此时溶液呈紫红色,用 EDTA 溶液慢慢滴定至溶液由紫红经紫色变为纯蓝,即为终点。

(3)记下 EDTA 溶液的用量,共测 3 份,分别计算 EDTA 溶液对氧化钙、氧化镁的滴定度和 EDTA 溶液的摩尔浓度。

第四部分 研究创新型实验

实验十一 化学反应焓变的量子化学理论计算

（一）实验目的

（1）了解化学反应的能量、化合物的标准生成焓等数据可以精确地通过量子化学理论方法进行计算。

（2）巩固分子的键能、离解能、电离能、电子亲和能、气相碱性（质子亲和能）等基本概念，熟悉分子热运动能的概念与计算。

（3）学习通过量子化学能量来计算各种化学反应能量的方法。

（二）实验原理

量子化学是将量子力学理论方法用于研究分子（包括原子、离子、分子离子等，下同）的结构和性质的科学。一个确定状态的分子的量子力学方程（又称定态 Schrödinger 方程）为

$$\hat{H}\Psi = E\Psi$$

式中　$\hat{H}$——描述分子中各种运动和相互作用能量的数学表达式（也叫 Hamilton 算符），在一定近似下，它仅包括电子动能、原子核与原子核静电排斥能，核与电子静电吸引能和电子与电子静电排斥能；

　　　Ψ——描述电子在分子中各原子核外运动状态的数学函数，又称分子波函数，它的二次方 $|\Psi|^2$（也是空间坐标的函数）即是分子中电子云在空间的概率密度；

　　　E——分子由 $\hat{H}$ 所描述的分子能量的数值。

通过运行量子化学计算程序，如 Gaussian-xx，即可自动求解上述方程并获得分子在绝对零度时的能量值 E（单位为原子单位，称为 Hartree，1 Hartree＝2 625.5 kJ·mol^{-1}）。

由于分子中电子的相互作用较为复杂，数学上描述并精确求解上述 Schrödinger 方程，目前除单电子体系（如学生已熟悉的氢原子，类氢离子和 H_2^+）以外，对多电子体系一般是很难实现的。现行的各种量子化学理论和计算方法都是对方程进行近似求解。在本实验中所用的 Gaussian 程序是国际上著名的量子化学计算软件（John A. Pople 获得 1998 年 Nobel 化学奖的代表性成果），求解方法 QCISD(T)/6－311＋G(3df,2p) 是量子化学理论发展较新的和精度较高的方法，它的结果加上分子热运动能的修正，一般可以保证绝大多数化学反应在一定温度下的能量计算的精度误差在±8.4 kJ·mol^{-1} 以内。这一误差已经比目前许多实验数据（如已有的许多化合物的摩尔标准生成焓）的误差还小。

分子的热运动能包括分子的平动能、转动能和振动能。如果分子的聚集状态为气态并且为理想气体,则按统计热力学的原理,当温度为 T 时,平动和转动能为 $\frac{n}{2}RT$。其中,n 为分子运动自由度,单原子分子的 $n=3$,线形分子的 $n=5$,非线形分子 $n=6$;振动能包括零点振动能 ZPE(即由量子力学原理已知,物质在绝对零度时并未完全停止运动,此时还有零点振动,其能量为 $\frac{1}{2}h\sum\nu_i$,h 为 Planck 常数,ν_i 为振动频率)和振动运动在一定温度下的热激发能 E_{vib}。它们可以很容易通过 Gaussian 程序对分子的振动频率计算得到。本实验中将直接给出各分子的 ZPE,学生不需另行计算。此外,本实验中所涉及的分子都是含 H 原子的双原子分子,由于 H 原子的质量很小,振动频率高或能级差大,不易受热激发。经计算,在 298 K 时的热激发能 E_{vib} 为 $10^{-7}\sim10^{-5}$ kJ·mol^{-1} 数量级,可以忽略不计。最后,由于分子的聚集状态为气态,所以在 298 K 时还有体积膨胀能量 $\Delta(pV)\approx RT\approx 2.48$ kJ·mol^{-1}(标准压力)。分子在 298 K 时的总能量 E_T 即为

$$E_T=E+\frac{n}{2}RT+\text{ZPE}+E_{vib}+\Delta(pV) \tag{A}$$

这里 R 为气体常数,取 8.314 5 J·mol^{-1}·K^{-1}。

对于一般的化学反应,如 B—H 体系的 5 个反应:

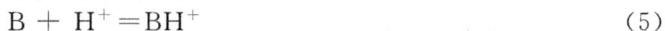

$$\text{H}_2+2\text{B}=2\text{BH} \tag{1}$$
$$\text{BH}=\text{B}+\text{H} \tag{2}$$
$$\text{BH}=\text{BH}^++\text{e} \tag{3}$$
$$\text{B}+\text{e}=\text{B}^- \tag{4}$$
$$\text{B}+\text{H}^+=\text{BH}^+ \tag{5}$$

只要分别计算得到了各个反应物和生成物在 298 K 时的总能量 E_T,则每个反应的焓变 $\Delta_r H_m^\ominus$ 仍然可以按盖斯定律的方法计算。其中由于电子 e 已是一个距离分子无穷远的自由粒子,并认为其运动速度很小,其能量设为零;H$^+$ 也只有平动热能 $\frac{3}{2}RT$ 和 $\Delta(pV)$;氢原子的精确能量由量子力学已知为 -0.5 Hartree(与法定单位的换算关系见表 4-1),热运动能为 $\frac{3}{2}RT$ 及 $\Delta(pV)$;所以只需对 H$_2$,B,B$^-$,BH 和 BH$^+$ 进行量子化学计算,并在总能量中加入热运动能和 $\Delta(pV)$ 以获得如 298 K 时的每个分子的总能量 E_T。

不难理解,反应(1)的 $\Delta_r H_m^\ominus=2E_T(\text{BH})-E_T(\text{H}_2)-2E_T(\text{B})$;反应(2)实际上是 BH 分子的解离反应,其 $\Delta_r H_m^\ominus$ 为 BH 分子的解离能或键能;同样,反应(3)的 $\Delta_r H_m^\ominus$ 为 BH 的电离能;反应(4)的 $-\Delta_r H_m^\ominus$ 为 B 的电子亲和能;反应(5)的 $-\Delta_r H_m^\ominus$ 为 B 的质子亲和能或 B 的气相碱性。当然,如果已经得到了若干物质的质子亲和能,则它们的相对碱性强弱次序即可通过 $-\Delta_r H_m^\ominus$ 的相对大小来判断。自然含 H 分子给出质子能力的相对强弱(气相酸性)也能通过此种反应的 $\Delta_r H_m^\ominus$ 进行判断。

众所周知,化合物的摩尔标准生成焓是化学热力学中重要的基本物理量。遗憾的是,由于实验的难度和条件所限,目前许多分子的这一数据还没有测定出来或者给出数据的误差很大,甚至有些数据根本上就是错误的,却不为人所知。因此在量子化学已经发展到定量精度的今天,可以通过量子化学的方法对这些数据进行预测和评价。

本实验中，设 BH$^+$ 的摩尔标准生成焓还没有实验数据，可以通过反应(3)和反应(5)，在 BH，B 和 H$^+$ 的实验生成焓已知的情况下对 BH$^+$ 的标准生成焓进行预测(注意:量子化学计算所得的分子总能量，对于任意分子来讲，与分子的标准生成焓并无对应的简单关系。必须通过化学反应式，在其他反应物与生成物的标准生成焓已知的情况下用盖斯定律的方法进行预测)。具体做法是，通过各分子的量子化学总能量首先计算反应的 $\Delta_r H_m^{\ominus}$。该值原则上应该等于利用化合物的标准生成焓和按下式计算的结果:

$$\Delta_r H_m^{\ominus} = \sum (\nu_i \cdot \Delta_f H_{m,i}^{\ominus})_{生成物} - \sum (|\nu_i| \cdot \Delta_f H_{m,i}^{\ominus})_{反应物} \tag{B}$$

式(B)中如果某一 $\Delta_f H_m^{\ominus}$ 是未知的，由于式中等号左边 $\Delta_r H_m^{\ominus}$ 可用理论值，未知的 $\Delta_f H_m^{\ominus}$ 便不难解得。倘若某物质的这一实验数据虽然已知，但可能是不可靠的，则实验数据应该接近于刚才的理论预测值。如果二者偏差太大，如大于 ± 8.4 kJ·mol^{-1} 较多，则一般可以肯定地说实验数据是不可靠的。

值得指出的是，由于受计算机速度以及容量的限制，较大分子的精确能量计算目前还有一定困难;受理论发展的限制，含重原子，如含有第四周期及其以后的元素的分子能量的精确计算目前还不现实。但是，可以预计，随着理论与计算机技术的发展，这些问题都不难解决。

（三）实验仪器设备和有关数据

(1)微型计算机:Intel 奔腾 3 处理器或更高。

(2)计算机软件:Gaussian-×× 系列量子化学计算(仿真)程序 Gxx_fz. EXE 或 Gaussian-90 以上版本软件。

(3)有关基本数据见表 4-1。

表 4-1

原子单位 Hartree 与 kJ·mol^{-1}			1 Hartree=2 625.5 kJ·mol^{-1}	
		H$_2$	BH	BH$^+$
键长(Å)(1Å=0.1 nm,理论值)		0.738	1.233	1.194
零点振动能 ZPE(kJ·mol^{-1})		24.8	13.4	15.0

实验标准生成焓[①]	B	B$^-$	BH	BH$^+$	H	H$^+$
$\Delta_f H_{m,298}^{\ominus}$(kJ·mol^{-1})	562.7	416	442.7	无	218.0	1 530.0

（四）实验操作

(1)开计算机。

(2)编辑输入数据文件 delth. gjf，其格式为纯文本，内容如下(楷体文字为注释，不必输入):

[①] 标准自生焓数据引自 David R. L.，CRC Handbook of Chemistry and Physics 78th，1997—1998。

♯QCISD(T)/6－311＋G(3DF,2P)	告知 Gxx_fz.exe 进行 QCISD(T)/6－311＋G(3DF,2P)计算
	空一行结束算法输入
H2 ENERGY	计算目的(字符串)
	空一行结束
0,1	告知分子净电荷和自旋多重度(＝分子中单电子数＋1)
H	告知分子几何构型:第 1 个原子为 H
H,1,HH	第 2 个原子为 H,与原子"1"连接,距离为 HH
	空一行结束分子输入(不再有第 3 个原子)
HH＝0.738	距离变量 HH 的数值
	空一行结束一个分子的全部输入
－－Link1－－	进入下一个分子计算
♯QCISD(T)/6－311＋G(3DF,2P)	
B　ENERGY	
0,2	
B	
－－Link1－－	
♯QCISD(T)/6－311＋G(3DF,2P)	
B－ENERGY	
－1,3	
B	
－－Link1－－	
♯QCISD(T)/6－311＋G(3DF,2P)	
BH ENERGY	
0,1	
B	
H,1,BH	
BH＝1.233	
－－Link1－－	
♯QCISD(T)/6－311＋G(3DF,2P)	

BH+ ENERGY

1,2
B
H,1,BH

BH=1.194

（3）运行 Gxx_fz.exe。

（4）从输出文件"delth.out"中记录各分子的"QCISD(T)="能量 E。

（5）实验结束。

（五）数据处理

（1）按式（A）计算出下列反应中各分子在 298 K 时的量子化学总能量（单位 Hartree,精确至小数点后第五位）。

$$H_2 + 2B = 2BH \tag{1}$$
$$BH = B + H \tag{2}$$
$$BH = BH^+ + e \tag{3}$$
$$B + e = B^- \tag{4}$$
$$B + H^+ = BH^+ \tag{5}$$

（2）按式（B）计算反应（1）至反应（5）的理论焓变（kJ·mol^{-1}）。

$\Delta_r H_m^\ominus(1) =$

$\Delta_r H_m^\ominus(2) =$　　　　　　　　　　　　BH 的键能 =

$\Delta_r H_m^\ominus(3) =$　　　　　　　　　　　　BH 的电离能 =

$\Delta_r H_m^\ominus(4) =$　　　　　　　　　　　　B 的电子亲和能 =

$\Delta_r H_m^\ominus(5) =$　　　　　　　　　　　　B 的质子亲和能 =

（3）分别通过反应（3）、反应（5）预测 BH$^+$ 的标准生成焓 $\Delta_f H_{m,298}^\ominus$（kJ·mol^{-1}）。

$\Delta_f H_{m,298}^\ominus(3) =$

$\Delta_f H_{m,298}^\ominus(5) =$

平均值（kJ·mol^{-1}）:$\Delta_f H_{m,298}^\ominus =$

（4）按式（B）计算反应（1）、反应（2）、反应（4）的实验焓变（kJ·mol^{-1}）。

$\Delta_r H_m^\ominus(1) =$

$\Delta_r H_m^\ominus(2) =$　　　　　　　　　　　　BH 的键能 =

$\Delta_r H_m^\ominus(4) =$　　　　　　　　　　　　B 的电子亲和能 =

（六）结果与讨论

利用以上计算的结果,讨论反应能量的理论计算与实验结果之间的符合情况,预测的生成焓的一致性,评价 BH,B 和 B^- 的标准生成焓的实验值的可靠性。

(七)思考题

1. 为什么量子化学总能量与化合物的标准生成焓没有简单的对应关系?

2. 实验数据中为什么给出了 B 的标准生成焓却没有给出 H_2 的标准生成焓? H_2 的标准生成焓应为多少? B 的标准生成焓为什么不为零,能否给出理由?

3. 为什么要将分子的量子化学的总能量加上热运动能,才能用于反应焓变的计算? 如果不加入热运动能,会导致什么样的结果? 实验的五个反应中,哪些反应的焓变计算可以不加入热运动能而不会导致结果误差?

4. 文献中可以查到 BH^+ 生成焓的实验值为 $1\,385.4\ kJ\cdot mol^{-1}$,你的结果与这一数据是否符合?

实验十二　化学发光材料的合成及性质实验

（一）实验目的

(1)学习化学发光材料鲁米诺的合成方法。
(2)掌握化学反应发光的基本原理。
(3)了解催化剂、酸度、温度对化学发光反应的影响。
(4)分析比较生物酶和金属离子对化学发光反应的催化效率。
(5)了解化学发光材料的应用。

（二）实 验 原 理

光的产生通常与系统在高温时的辐射有关,温度不同,光的颜色也不同。有一类化学反应,可通过分子由基态变为能量较高的激发态或由激发态回到基态而将反应中释放的能量大部分转变为光能,这种现象叫化学发光现象。化学发光与剧烈的化学反应产生的光不同,在这个发光过程中,系统的温度变化不大。夏夜庭院中飞舞的萤火虫所发的光,就其本质而言,属于化学发光现象。化学发光现象已获得广泛的应用,除用做紧急光源、信号光源外,有关的反应已用于灵敏度极高的光化学分析中。

俗称鲁米诺(Luminol)的 3-氨基邻苯二甲酰肼是一种较强的化学发光物质。在中性溶液中通常以偶极离子(两性离子)存在。但在碱性溶液中,则变成氧化态为－2价的离子;有氧化剂存在时,可被氧化成一种能产生化学发光现象的中间体,鲁米诺被转变为激发态。激发态衰变为基态并发出荧光。其发光反应过程可表示为

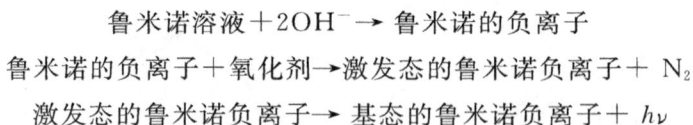

$$鲁米诺溶液＋2OH^- \rightarrow 鲁米诺的负离子$$
$$鲁米诺的负离子＋氧化剂\rightarrow激发态的鲁米诺负离子＋ N_2$$
$$激发态的鲁米诺负离子\rightarrow 基态的鲁米诺负离子＋ h\nu$$

如果在溶液中加入适当的荧光材料,在鲁米诺本身发光之前,鲁米诺中间体可将能量传递给染料,则可调整发光的颜色,其关系见表4-2。

表　4-2

所加荧光材料	—	荧光素	二氯荧光素	罗丹明B	9-氨基吖啶	曙红
呈现的颜色	蓝白	黄绿	黄橙	绿	蓝绿	橙红

鲁米诺的合成见本实验[附]。

（三）实验仪器和药品

1. 实验仪器

实验所需仪器见下表：

名　称	规　格	数　量	名　称	规　格	数　量
观察暗箱		6个(公用)	离心机		6台(公用)
台秤		6台(公用)	热水浴		6套(公用)
冰水浴		6套(公用)	玻璃棒	250 mm	1支
三脚架		1个	试管夹		2个
温度计	0~100℃	1支	酒精灯		1个(或油浴1套)
量筒	50 mL	1个	滴管	200 mm	1支
量筒	10 mL	1个	锥形瓶	100 mL	1个
烧杯	250 mL	1个	试管	20 mL	6个
烧杯	100 mL	1个	试管	10 mL	6个
石棉网		1个			

2. 实验药品

实验所需药品见下表：

试剂名称及规格	试剂名称及规格
二甲亚砜	过氧化物酶溶液(0.01%)①
染料	罗丹明 B、曙红
Tris 缓冲溶液②	连二亚硫酸钠(粉末)
NaOH 粒状	冰 HAc
$0.1\ mol\cdot L^{-1}NaOH$	浓 H_2SO_4
10% H_2O_2	发烟 HNO_3
$0.1\ mol\cdot L^{-1}K_3[Fe(CN)_6]$	邻苯二甲酸酐
冰块	肼(联氨)

（四）实验内容

1. 鲁米诺的合成

按本实验附的鲁米诺合成的说明进行，也可由实验室人员合成好，供学生进行以下实验

---

① 过氧化物酶溶液：称过氧化物酶 1 mg，加入 10 mL Tris 缓冲溶液，摇匀。为避免失活，应现配现用。
② Tris 缓冲溶液：称 Tris(三羟甲基氨基甲烷)盐 12.1 g，加水至 1 L，1 L Tris 液＋914 mL 0.1 mol·L⁻¹HCl 混合，即得 Tris 缓冲溶液。其 pH＝7，易吸收空气中 CO_2，用棕色瓶存放，将瓶盖严。

（视实验课学时而定）。

2. 化学发光实验

（1）化学发光（在暗箱中观察）。在 100 mL 锥形瓶底部放约 10 颗粒状 NaOH 固体,加入约 0.1 g 鲁米诺和 8 mL 二甲亚砜并剧烈振荡（使空气溶入溶液中）,在暗箱中可以观察到蓝白色光辉。再向锥形瓶中加入 5 mL 10% 的 H_2O_2 后继续振荡,2～3 min 后可以看到发光强度很快增大。

（2）化学发光的影响因素。在 100 mL 烧杯中,加入 60 mL H_2O,并加入 8 颗粒状 NaOH 固体,5 mL 10% 的 H_2O_2 和 0.1 g 鲁米诺。沿烧杯壁轻轻撒入少量铁氰化钾晶体,慢慢摇动烧杯,让少量晶体掉入溶液中,观察发光现象,再加入 3 滴染料溶液,观察颜色变化。

将上述溶液 3～4 mL 倒入 1 支 10 mL 试管中,逐滴加入 5～10 滴浓硫酸,观察酸度对化学发光的影响。

再在 2 支 10 mL 试管中,倒入上述溶液各 3～4 mL,分别放入热水（323 K）和冰水中,对比观察,了解温度对化学发光的影响。

（3）对化学发光反应的催化。在 100 mL 锥形瓶中,加入 30 mL 的 $0.1 \ mol \cdot L^{-1}$ NaOH 溶液和 0.1 g 鲁米诺,滴加 3 滴 10% 的 H_2O_2 后,即可观察到微弱的发光现象。将此锥形瓶中的溶液平均分入 2 支 20 mL 试管中,然后在其中一支试管中加入 4 滴 $0.1 \ mol \cdot L^{-1}$ 铁氰化钾溶液,在另一支试管中加入 4 滴 0.01% 过氧化物酶溶液,均可观察到持续几秒钟的强光发射。比较金属离子与生物酶对化学发光反应的催化效率。

（五）思考题

1. 鲁米诺合成同样也是在碱性条件下进行的,为什么此时鲁米诺不发光?

2. 根据实验现象,分析鲁米诺发光的影响因素。

3. 在生物体中,过氧化物酶可催化产生 H_2O_2,试分析化学发光测定过氧化物酶活性的原理。

［附］

1. 鲁米诺合成的实验器材与药品

鲁米诺合成的实验器材与药品见下表：

仪器或试剂名称	规　格	单位及数量
水浴加热		1 套
回流装置		1 套
机械搅拌装置		1 套
滴液漏斗		1 个
热过滤装置		1 套
加热套		1 套

续　表

仪器或试剂名称	规　格	单位及数量
三口烧瓶	500 mL　250 mL	各 1 个
烧杯	1 000 mL　250 mL	各 1 个
邻苯二甲酸酐、乙酸酐、硫酸肼、连二亚硫酸钠、丙三醇、冰乙酸、乙醚	A.P.	
浓硫酸、发烟硝酸、浓硝酸、10％氢氧化钠		

2. 鲁米诺的合成方法

（1）3-硝基邻苯二甲酸的合成。将 100 g 邻苯二甲酸酐加入 500 mL 三口烧瓶中，缓慢加入 130 mL 浓硫酸，水浴加热至 80 ℃（控温水浴锅），机械搅拌至邻苯二甲酸酐全部溶解。搅拌下用滴液漏斗缓慢滴加 45 mL 发烟硝酸（约需 1 h），并使混合物的温度保持在100～105℃；反应 1.5 h 后，慢慢加入浓硝酸 180 mL，控制温度不要超过 110 ℃；然后在 80 ℃ 水浴加热搅拌 2 h，放置过夜。

向 1 000 mL 烧杯中，加入 300 mL 冷水，并将反应混合物缓慢倒入烧杯中，待混合物冷却后过滤，将滤饼（淡黄色）放入干净的烧杯中，并加入 50 mL 冷水搅拌，使 4-硝基邻苯二甲酸（固体）溶解，过滤。向滤饼中加入 50 mL 沸水溶解固体，趁热过滤（注意：速度要快，以防产物结晶析出），收集滤液并搅拌，直至生成晶体，放置过夜。过滤，得 3-硝基邻苯二甲酸约 32 g（3-硝基邻苯二甲酸难溶于冷水，4-硝基邻苯二甲酸易溶于冷水）。

（2）3-硝基邻苯二甲酰肼的合成。向 250 mL 三口烧瓶中，加入 32 g 3-硝基邻苯二甲酸和 30 mL 乙酸酐，在 95 ℃下加热回流至溶液澄清（约需 1 h），冷却，过滤，得到黄绿色晶体（若需干燥可以加入乙醚，在 100 ℃ 下至质量恒定，得到 3-硝基邻苯二甲酸酐约 25 g，熔点为163～165℃）。

在 1 000 mL 烧杯中，加入 18 g 硫酸肼，25 g 水合乙酸钠和 100 mL 水。加热溶解后，再加入 25 g 3-硝基邻苯二甲酸酐，用加热套加热至沸。加入 140 mL 丙三醇，用玻璃棒不断搅拌，在 120～130℃保持 5 min，千万不要喷出，冷却至 100 ℃，加入 500 mL 水，放置过夜。过滤，得到淡黄色 3-硝基邻苯二甲酰肼固体。

（3）3-氨基邻苯二甲酰肼的合成。配制 150 mL 10％氢氧化钠，溶解 3-硝基邻苯二甲酰肼，溶液立刻变为酒红色。加入 90 g 连二亚硫酸钠，加热煮沸 5 min，冷却，用冰乙酸中和溶液，至中性（pH 试纸），放置过夜。过滤，烘干，即得 3-氨基邻苯二甲酰肼，即鲁米诺。

实验十三 维生素 C 含量的测定

(一)实验目的

(1)了解直接碘量法测定维生素 C 的原理和方法。
(2)掌握滴定管的使用方法和滴定操作技术。

(二)实验原理

维生素 C(简写为 V_C,下同)又称抗坏血酸,为白色略带淡黄色的结晶或粉末,无臭,味酸,分子式为 $C_6H_8O_6$。由于维生素 C 具有还原性,故能被 I_2 定量地氧化,其反应式为

$$C_6H_8O_6 + I_2 = C_6H_6O_6 + 2H^+ + 2I^-$$

故 V_C 的含量可由碘标准溶液的用量计算出。计算公式为

$$w\% = \frac{c_{I_2} V_{I_2} M_{维C}}{m_{维C}} \times 100\%$$

式中 $m_{维C}$——V_C 样品的质量;

$M_{维C}$——V_C 的化学式量;

c_{I_2} 和 V_{I_2}——分别表示 I_2 标准溶液的浓度和滴定体积。

(三)实验仪器与试剂

1. 实验仪器

滴定管 1 支;分析天平 1 台;250 mL 锥形瓶 3 只;洗瓶 1 只。

2. 实验试剂

$0.1\ mol \cdot L^{-1}$ 的 I_2 标准溶液[①],0.5% 淀粉溶液,$2\ mol \cdot L^{-1}$ HAc 溶液。

V_C 试样:将 V_C 原粉(或 V_C 药片)研细,置真空的浓硫酸干燥器内干燥 3 h[②]。

(四)实验步骤

(1)用少量 I_2 标准溶液浸洗干净的碱式滴定管 3 次,然后向其中加入足量的 I_2 标准溶液,排出滴定管中的气泡,重新加满 I_2 标准溶液,调节液面至零刻线之下,备用。

---

① 若使用本测定方法测定果汁中的 V_C 含量,应将 I_2 标准溶液的浓度稀释为约 $1\times10^{-5}\ mol \cdot L^{-1}$。
② V_C 原粉中含糖、酮酸、糠醛等杂质。本品原粉置真空的浓硫酸干燥器内干燥 3 h,含 $C_6H_8O_6$ 不得少于 98%。若为 V_C 药片,其含量应符合不同规格片剂的要求(有 50 mg,100 mg 等)。

(2)准确称取约 0.2 g 的 V_C 原粉(或准确称取约含 0.2 g V_C 的药片粉末),置于锥形瓶中,加新煮过的冷蒸馏水 100 mL,2 mol·L^{-1} HAc 溶液 10 mL,振荡溶解后,加淀粉溶液 2 mL。读出滴定管体积读数 a_1,精确至 0.01 mL。立即用 I_2 标准溶液滴定至呈现稳定的蓝色。记录终点时滴定管读数 a_2。则滴定体积 V 等于 a_2-a_1。

(3)平行测定 3 份,取其平均值,计算 V_C 的百分含量和平均值。相对平均偏差应≤±50%。

(五)注意事项

(1)V_C 具有很强的还原性,在空气中极易被氧化,尤其在碱性溶液更甚。为了减小 V_C 被溶解氧氧化的副反应,测定时加入稀 HAc 使溶液呈弱酸性。

(2)存放的蒸馏水中含有溶解氧,使用时一定要煮沸以除去大部分溶解氧,否则易氧化 V_C,使分析结果偏低。

(3)V_C 原粉中含有的还原性杂质,或压制药片时加入的稀释剂、黏结剂和润滑剂中含有的能被 I_2 直接氧化的各种还原性杂质对本测定有干扰,故平行测定的精密度不高。

(六)思考题

1. 测定 V_C 试样为何要在 HAc 介质中进行?

2. 溶解 V_C 试样时,为何要用新煮沸的冷蒸馏水?

实验十四　食醋中总酸量的测定

（一）实验目的

(1) 了解酸碱滴定分析的基本原理。

(2) 掌握滴定管的使用方法和滴定操作技术。

(3) 掌握液体样品的取量方法并能正确使用移液管和容量瓶。

（二）实验原理

乙酸（俗称醋酸，简写为 HAc）为一较强的弱酸（25℃时 $K_a^{\ominus}=1.8\times10^{-5}$），可用 NaOH 标准溶液直接滴定。反应方程式为

$$NaOH+HAc \Longrightarrow NaAc+H_2O$$

以 0.1 mol·L^{-1} NaOH 标准溶液滴定 0.1 mol·L^{-1} HAc 溶液，化学计量点 pH 为 8.7，pH 突跃范围为 7.7~9.7，因此可选择酚酞（pH 变色范围为 8.0~10.0）为指示剂指示滴定终点。终点时溶液由无色突变到微红色。

食醋中含 3%~5% 的乙酸，此外含有少量乳酸等有机弱酸。滴定时，这些酸都可以与 NaOH 反应，因此滴定所测结果为总酸量，以乙酸的含量表示。根据滴定反应的化学计量关系，得

$$c_{NaOH}V_{NaOH}=c_{HAc}V_{HAc}$$

故总酸量的百分含量计算公式：

$$HAc\% = 10.00 \times \frac{c_{NaOH}V_{NaOH}}{m_{试样}\times 1\,000}M_{HAc}\times 100\% = \frac{c_{NaOH}V_{NaOH}}{m_{试样}}M_{HAc}\% \tag{1}$$

式中　c_{NaOH}——NaOH 标准溶液的浓度；

V_{NaOH}——NaOH 标准溶液的滴定体积；

M_{HAc}——乙酸的化学式量；

由于样品稀释了 10.00 倍，因此式中乘以系数 10.00；

$m_{试样}$——试样的质量，由于试样为稀溶液，以水的密度代替试样的密度，故：$m_{试样}=V_{试样}\times d_{试样}\approx V_{试样}d_{水}\approx V_{试样}$（$m_{试样}$ 的单位为 g，$V_{试样}$ 的单位为 mL，在本实验中为 25.00 mL）代入式(1)，得

$$HAc\% = \frac{c_{NaOH}V_{NaOH}}{V_{试样}}M_{HAc}\% \tag{2}$$

（三）实验仪器和试剂

1. 实验仪器

碱式滴定管 1 支；250 mL 容量瓶 1 只；25 mL 移液管 2 支；250 mL 锥形瓶 3 只；洗瓶

1 只。

2.实验试剂

$0.1 \text{ mol} \cdot L^{-1}$ NaOH 标准溶液;酚酞指示剂;食醋或醋酸试样(含 HAc 约 5%)

(四)实验步骤

(1)稀释样品:将洗净的 25 mL 移液管用少量待测食醋样品涮洗 2~3 次,然后准确吸取 25 mL 食醋试样移入 250 mL 容量瓶中,加蒸馏水至标线,充分摇均。

(2)另取一干净 25 mL 移液管,用稀释后的试样溶液涮洗 2~3 次,然后准确吸取 25 mL 稀释后的试样 3 份,分别置于 3 个锥形瓶中。

(3)用少量 NaOH 标准溶液浸洗干净的碱式滴定管 3 次,然后向其中加入足量的 NaOH 标准溶液,排出滴定管中的气泡,重新加满 NaOH 标准溶液,调节液面至零刻线之下,读出滴定管体积读数 a_1,精确至 0.01 mL。

(4)向其中一个锥形瓶中加入 2 滴酚酞指示剂,立即用 NaOH 标准溶液滴定,至溶液颜色由无色突变为微红色且半分钟内不褪色为滴定终点。记录终点时滴定管读数 a_2。则滴定体积 V 等于 $a_2 - a_1$。重复测定 3 次,取其平均值。

(5)计算食醋中总酸的百分含量。

(五)注意事项

(1)由于滴定终点时溶液呈弱碱性,易吸收空气中 CO_2(或 SO_2 等酸性气体),致使溶液碱度逐渐减弱,酚酞红色褪去。因此,滴定应以充分摇匀后溶液微红色在半分钟内不褪色的要求来判断终点。

(2)食醋中含醋酸的浓度较大,且具有较深褐色,不利于观察终点时颜色变化。稀释 10 倍的食醋稀溶液色较浅,基本上消除了滴定时对观察指示剂颜色变化的干扰。食醋稀释后的 HAc 溶液约为 $0.1 \text{ mol} \cdot L^{-1}$,适于采用本方法准确滴定。

(六)思考题

1.测量时食醋为什么要稀释 10 倍?

2.本测定宜采用何种指示剂?

3.如何断判滴定的终点?

实验十五　二硝基水杨酸法测定生物样品中总糖和还原糖

（一）实验目的

(1) 了解生物样品中糖类化合物的提取分离和定容方法。
(2) 了解还原糖和总糖的测定原理,学习用比色法测定还原糖的方法。
(3) 掌握标准溶液的配制与标准曲线的绘制方法。

（二）实验原理

在 NaOH 和丙三醇存在下,3,5-二硝基水杨酸(DNS)与还原糖共热后被还原生成氨基化合物。在过量的 NaOH 碱性溶液中此化合物呈橘红色,在 540 nm 波长处有最大吸收,在一定的浓度范围内,还原糖的量与光吸收值呈线性关系,利用比色法可测定样品中的含糖量。

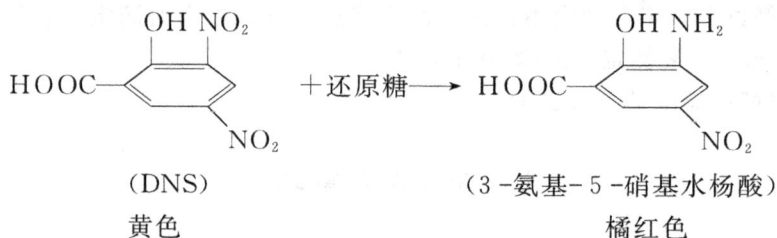

$$HOOC-\overset{OH}{\underset{NO_2}{\bigcirc}}\overset{NO_2}{} + 还原糖 \longrightarrow HOOC-\overset{OH}{\underset{NO_2}{\bigcirc}}\overset{NH_2}{}$$

　　　　(DNS)　　　　　　　　　　　　　　　　(3-氨基-5-硝基水杨酸)
　　　　黄色　　　　　　　　　　　　　　　　　　　　橘红色

（三）实验仪器与试剂

1. 实验仪器

实验所需仪器见下表:

仪器名称	规　格	单位和数量
722S 分光光度计		1 台
分析天平		1 台
容量瓶	50 mL, 100 mL	各 1 只
比色管	25 mL/50 mL	7 只
吸量管(或加液器)	2 mL	1 支
量筒	50 mL	1 只
试管	15 mm×180 mm	7 支
白瓷板	4 槽	1 块
水浴锅		1 台
电炉		1 台

2. 实验试剂

实验所需试剂见下表：

试剂名称	规格与配制方法
待测生物样品	市售藕粉、土豆粉、小麦淀粉或玉米淀粉
葡萄糖	A. R. 分析纯
3,5-二硝基水杨酸(DNS)	A. R. 分析纯
丙三醇	A. R. 分析纯
3,5-二硝基水杨酸(DNS)溶液	$0.030\ mol \cdot L^{-1}$ 称取 6.85 g DNS 溶于少量热蒸馏水中，溶解后移入 1 000 mL 容量瓶中，加入 6 mol/L 氢氧化钠溶液 108 mL，再加入 45 g 丙三醇，摇匀，冷却后定容至 1 000 mL。
氢氧化钠溶液	$6\ mol \cdot L^{-1}$ 称取 120g NaOH 溶于 500 mL 蒸馏水中。
盐酸溶液	$6\ mol \cdot L^{-1}$ 取 250 mL 浓 HCl(35%～38%)用蒸馏水稀释到 500 mL。
葡萄糖标准溶液	$0.2\ g \cdot L^{-1}$ 准确称取干燥恒重的葡萄糖 200 mg，加少量蒸馏水溶解后，以蒸馏水定容至 100 mL，即含葡萄糖为 2.0 mg/mL。
I_2/KI 溶液	称取 5 g 碘，10 g 碘化钾溶于 100 mL 蒸馏水中。
酚酞指示剂	0.1% 0.1%酚酞溶于 20%的乙醇中。

（四）实验步骤

1. 葡萄糖标准曲线制作

取 5 支 15 mm×180 mm 试管，按表 4-3 加入 2.0 mg/mL 葡萄糖标准液和蒸馏水。

表 4-3

管 号	葡萄糖标准液 mL	蒸馏水 mL	葡萄糖含量 mg	A_{540nm}
0	0	1	0	
1	0.2	0.8	0.4	
2	0.4	0.6	0.8	
3	0.6	0.4	1.2	
4	0.8	0.2	1.6	
5	1	0	2	

在上述试管中分别加入 DNS 试剂 2.0 mL,于沸水浴中加热 2 min 进行显色,取出后用流动水迅速冷却,各加入蒸馏水 9.0 mL,摇匀,在 540 nm 波长处测定光吸收值。以 1.0 mL 蒸馏水代替葡萄糖标准液按同样显色操作为空白调零点。以葡萄糖含量(mg)为横坐标,光吸收值为纵坐标,绘制标准曲线。

2. 样品中还原糖的提取

准确称取 0.5 g 生物样品(如小麦淀粉或玉米淀粉),放在 100 mL 烧杯中,先以少量蒸馏水(约 2 mL)调成糊状,然后加入 40 mL 蒸馏水,混匀,于 50℃恒温水浴中保温 20 min,不时搅拌,使还原糖浸出混。过滤,将滤液全部收集在 50 mL 的容量瓶中,用蒸馏水定容至刻度,即为还原糖提取液。

3. 样品总糖的水解及提取

准确称取 0.5 g 小麦(玉米)淀粉,放在锥形瓶中,加入 6 mol/L HCl 10 mL,蒸馏水 15 mL,在沸水浴中加热 0.5 h,取出 1～2 滴置于白瓷板上,加 1 滴 I-KI 溶液检查水解是否完全。如已水解完全,则不呈现蓝色。水解毕,冷却至室温后加入 1 滴酚酞指示剂,以 6 mol/L NaOH 溶液中和至溶液呈微红色,并定容到 100 mL,过滤取滤液 10 mL 于 100 mL 容量瓶中,定容至刻度,混匀,即为稀释 1 000 倍的总糖水解液,用于总糖测定。

4. 样品中含糖量的测定

取 7 支 15 mm×180 mm 试管,分别按表 4-4 加入试剂。

表　4-4

项　　目	空　白	还原糖		总　糖	
H_2O/mL	1	0	0	0	0
样品溶液/mL	0	1	1	1	1
3,5-二硝基水杨酸试剂/mL	2	2	2	2	2
吸光度值 A_{540nm}					

加完试剂后,于沸水浴中加热 2 min 进行显色,取出后用流动水迅速冷却,各加入蒸馏水 9.0 mL,摇匀,在 540 nm 波长处测定吸光度值。测定后,取样品的光吸收平均值在标准曲线上查出相应的糖量。

(五)数据处理

按下式计算出样品中还原糖和总糖的百分含量:

$$还原糖(以葡萄糖计)\% = \frac{cV}{m\,1\,000} \times 100$$

$$总糖(以葡萄糖计)\% = \frac{cV}{m\,1\,000} \times 稀释倍数 \times 0.9 \times 100$$

式中　　c——还原糖或总糖提取液的浓度,mg/mL;

　　　　V——还原糖或总糖提取液的总体积,mL;

　　　　m——样品质量,g;

　　1 000——mg 换算成 g 的系数。

注意事项:

标准曲线制作与样品含糖量测定应同时进行,一起显色和比色。

722S 型分光光度计的使用方法和注意事项参见实验六[附]的内容。

(六)思考题

1. 本实验采用比色法测定生物样品中还原糖的原理是什么?

2. 比色时为什么要设计空白管?

3. 使用分光光度计时,操作上应注意哪些方面?

4. 试阐述本实验中总糖和还原糖测定结果的主要误差来源有哪些?

实验十六　Folin‑酚试剂法测定生物样品中蛋白质的含量

（一）实验目的

(1) 了解生物样品中蛋白质类化合物的提取分离和定容方法。

(2) 学习 Folin‑酚试剂法测定蛋白质含量的原理和方法。

(3) 进一步掌握分光光度法——绘制标准曲线、准确测定未知样品、正确使用仪器。

（二）实验原理

蛋白质在碱性溶液中其肽键与 Cu^{2+} 螯合，形成蛋白质‑铜复合物，此复合物使酚试剂的磷钼酸还原，产生蓝色化合物，在一定条件下，利用蓝色深浅与蛋白质浓度的线性关系作标准曲线并测定样品中蛋白质的浓度。

实验室常规测定蛋白质含量方法中，以 Lorry 等人发展的 Folin‑酚试剂法应用最为普遍。该方法的优点是，灵敏度高，较紫外吸收法灵敏 10~20 倍，较双缩脲法灵敏 100 倍；操作简单、快速，不需要复杂的仪器设备。但它的不足之处是反应过程中受干扰因素较多。

Folin‑酚试剂由试剂 A 和试剂 B 两部分组成。在 Folin‑酚试剂法中，蛋白质中的肽键首先在碱性条件下与酒石酸钾钠‑铜盐溶液（试剂 A）起作用生成紫色络合物（类似双缩脲反应）。

由于蛋白质中酪氨酸、色氨酸的存在，该络合物在碱性条件下进而与试剂 B（磷钼酸和磷钨酸、硫酸、溴等组成）形成蓝色复合物，其呈色反应颜色深浅与蛋白质含量成正比。

通过比色测定，参照已知含量的标准蛋白质的标准曲线，可确定待测样品的蛋白质含量。本法可测定蛋白质含量的范围在 $25\sim250\ \mu g/mL$。

由于不同蛋白质所含酪氨酸和色氨酸残基的量不同，致使等量的不同蛋白质所显示的颜色深度不尽一致，产生误差。如果所用溶液或样品中含有带"$-CONH_2$""$-CH_2NH_2$""$-CSNH_2$"基团的化合物，或者溶液或样品中含有氨基酸、Tris、核酸、蔗糖、硫酸铵、巯基及酚类等化合物时，会给本方法的测定带来干扰。

磷钼酸‑磷钨酸试剂（Folin‑酚试剂 B）仅在酸性条件下稳定，而蛋白质的显色反应需在 pH＝10 的环境中进行，因此当试剂 B 加入后应当立即充分混匀，以便在磷钼酸‑磷钨酸试剂被破坏之前与蛋白质发生显色反应，这对于结果的重现性非常重要。

（三）实验仪器与试剂

1. 实验仪器

实验所需仪器见下表：

仪器名称	规　格	单位和数量
722S 分光光度计		1 台
分析天平		1 台
容量瓶	50 mL，100 mL	各 1 只
比色管	25 mL/50 mL	7 只
吸量管（或加液器）	2 mL	1 支
量筒	50 mL	1 只
试管	15 mm×180 mm	7 支
恒温水浴锅		1 台

2. 实验试剂

实验所需试剂见下表：

试剂名称	规格与配制方法
待测生物样品	市售动物的肉类、蛋类、血清和牛奶及其制品，或植物的果蔬等生化级
结晶牛血清白蛋白（BSA）	
标准蛋白质（BSA）溶液	用结晶牛血清白蛋白，根据其纯度用蒸馏水配制成 0.30 mg/mL 的蛋白质溶液（纯度可经凯氏定氮法测定蛋白质含量而确定）
酚酞指示剂	0.1% 酚酞溶于 20% 的乙醇中
（1）碳酸钠溶液	4% Na_2CO_3 溶于蒸馏水中
（2）氢氧化钠溶液	0.2 mol·L^{-1} NaOH 溶于蒸馏水中
（3）硫酸铜溶液	1% $CuSO_4·5H_2O$ 溶于蒸馏水中
（4）酒石酸钾钠溶液（或酒石酸钾或钠）	2% 酒石酸钾钠溶于蒸馏水中
Folin-酚试剂 A	在使用前（1）与（2）（3）与（4）等体积混合，再将两混合液按 50：1 比例混合，即为试剂 A。该试剂只能用一天，过期失效
Folin-酚试剂 B	市售酚试剂在使用前用 NaOH 滴定，以酚酞为指示剂，根据试剂酸度将其稀释，使最后酸度为 1N 或取 100 g $Na_2WoO_4·2H_2O$ 和 25 g Na_2MoO_3。溶于蒸馏水 700 mL 中，再加 50 mL 85% H_3PO_4 和 100 mL 浓盐酸（HCl），将上述物质混合后，置 1 000 mL 圆底烧瓶中温和地回流 10 h，再加 150 g 硫酸锂（$Li_2SO_4·H_2O$），50 mL 水及数滴溴水。继续沸腾 15 min 后以除去剩余的溴，冷却后稀释至 1 000 mL 然后过滤，溶液应呈黄色或金黄色（如带绿色者不能用），置于棕色瓶中保存，使用时用标准 NaOH 滴定，以酚酞为指示剂，而后稀释约一倍，使最后酸度为 1N

（四）实验步骤

1. 蛋白质 BSA 标准曲线的制作

取 6 支 15 mm×180 mm 试管，按表 4 - 5 加入 0.3 mg/mL 蛋白质 BSA 标准液和蒸馏水。各试管加入试剂 A 5.0 mL，混合后放置 10 min，加入试剂 B 0.5 mL，立即混合，37℃恒温反应 20 min。以 1 号为参比，测 660 nm 光的吸光度 $A_{660\,nm}$ 值。

表 4 - 5

管 号	蛋白质 BSA (0.3 mg/mL) mL	蒸馏水 (H_2O) mL	试剂 A mL	试剂 B mL	蛋白质含量 mg	$A_{660\,nm}$ （读数）
1	0	1.0	5.0	0.5	0	
2	0.2	0.8	5.0	0.5	0.050	
3	0.4	0.6	5.0	0.5	0.100	
4	0.6	0.4	5.0	0.5	0.150	
5	0.8	0.2	5.0	0.5	0.200	
6	1.0	0	5.0	0.5	0.250	

以各试管中蛋白质的质量（mg）为横坐标，660 nm 光的吸光度 $A_{660\,nm}$ 值为纵坐标，绘制标准曲线。

2. 固态样品中蛋白质的提取

称取固体样品如小白菜 1～4 g（菜秆 2～4 g，菜叶 1～2 g）置于研钵中，加 5 mL 蒸馏水在低温下研磨成匀浆，全部转移至 50 mL 容量瓶中，并定容至刻度，然后抽滤，在 3 000 r/min 离心 20 min，上层清液为提取液，待用。

3. 样品中蛋白质含量的测定

取 6 支 15 mm×180 mm 试管，吸取上面的提取液和稀释 250 倍的牛奶（或血清液）各 1.0 mL 于试管中（三次重复），分别加 5.0 mL 试剂 A，放置 10 min 后，加 0.5 mL 试剂 B，立即混匀，恒温 37℃反应 20 min，测 660 nm 光的吸光度 $A_{660\,nm}$ 的值，将结果填入表 4 - 6 中。

表 4 - 6

管 号	小白菜 $A_{660\,nm}$	管 号	牛 奶 $A_{660\,nm}$
1		1	
2		2	
3		3	

＊：小白菜用 mg/g，血清用 mg/mL。

（五）数据处理

（1）绘制标准曲线。以试管中的蛋白质 BSA 含量（mg）为横坐标,吸光度值 $A_{660\,nm}$ 为纵坐标绘制标准曲线。

（2）以测定管的吸光度值,在标准曲线上查找对应的蛋白质含量（mg）,求出待测样品小白菜和牛奶中蛋白质浓度（mg/g 或 mg/mL）。

（3）再从标准管中选择一管与测定管吸光度相接近者,求出待测血清中蛋白质浓度（mg/mL）。

注意事项：

（1）按顺序添加试剂。

（2）试剂乙在酸性条件下稳定,碱性条件下（试剂甲）易被破坏,因此加试剂乙后要立即混匀,加一管混匀一管,使试剂乙（磷目酸）在破坏前即被还原。

（3）722S 型分光光度计的使用方法和注意事项参见实验六［附］的内容。

（六）思考题

1. 本实验采用 Folin -酚试剂法测定蛋白质含量的原理是什么？

2. Folin -酚试剂的配方组成及其使用要点是什么？

3. 干扰本实验结果精确度的主要因素有哪些？

4. 除本实验方法外,还有哪些其他的方法可以测定蛋白质含量或浓度？

实验十七　学生自拟方案实验设计

（一）运行模式

在实验室实行预约和开放式管理的条件下：

实验中心提供：

（1）仪器设备清单。
（2）若干代表科技进步的实验研究选题（选题不定期更换）。
（3）指导教师。

学生完成以下任务：

（1）根据实验室的条件，自己拟订实验课题。
（2）按自己的理解拟订实验方案，详细的计划进度和经费预算。
（3）实验方案经指导教师审核、中心学术小组批准后进行实验。

（二）参 与 方 法

（1）学生所设计的实验方案经批准后，可预约使用实验室仪器设备独立进行实验。
（2）学生也可申请参与在教师主持下的科研项目，共同发表科研成果。

［附］

学生开放实验室使用申请表

编号：　　　　　　　　　　　　　　　日期：　　年　　月　　日

主申请人		学　　号	
所属院系		电子信箱	
固定电话		手　　机	
项目名称			
所属学科		研究方向	
项目性质		参加人数	
开始日期		预计结束时间	
指导教师		职称/学历	
年　　龄		职　　务	
所属院系		电子信箱	

续 表

固定电话		手 机	
研究内容及意义			
研究方案			
相关研究工作积累和已取得的成绩			
特色与创新	(50 字以内)		
计划进度			
预期成果			

续　表

经费预算		序号	项目名称	预算金额/元
		1		
		2		
		3		
		合　计		
其他学生信息（主要参与人员）				
学生姓名		学　号		
院系名称		专业年级		
联系电话		电子信箱		
性　别		身份证号		
项目分工				
简介（包括自己的特长、兴趣、大研经历及成果等）	学生（签名）： 　年　月　日			
学生姓名		学　号		
院系名称		专业年级		
联系电话		电子信箱		
性　别		身份证号		
项目分工				
简介（包括自己的特长、兴趣、大研经历、及成果等）	学生（签名）： 　年　月　日			
学生姓名		学　号		
院系名称		专业年级		
联系电话		电子信箱		
性　别		身份证号		
项目分工				

续　表

简介(包括自己的特长、兴趣、大研经历及成果等)	学生(签名)： 年　　月　　日
指导教师推荐意见	导师(签名)： 年　　月　　日
申请人所在学院(系)意见	负责人(签名)：　　　　院(系)公章： 年　　月　　日
化学实验中心审批意见	负责人(签名)： 年　　月　　日

西北工业大学化学实验教学中心

第五部分 虚拟与仿真实验

实验十八 现代化学分析技术

在现代化学研究、产品开发、化工生产以及众多高科技产品的研制、开发和生产中,产品的质量控制、性能保障等,都必须借助于化学分析测试。进行化学分析测试的方法很多,现代化学分析技术多媒体教学课件将给学生们集中介绍代表化学分析测试最新技术的 8 种快速、准确、智能化的现代化分析方法,包括以下 8 种大型分析仪器。

(1)气相色谱仪,简称 GC,主要用于分离有机混合物,并测定其含量;

(2)质谱仪,简称 MS,主要用来测定分子质量,一般与 GC 联用,称为 GC - MS;

(3)红外光谱仪,简称 IR,主要用于测定分子结构,即鉴定各种官能团;

(4)紫外-可见光谱仪,简称 UVS,主要用于测定物质组成、结构和官能团;

(5)核磁共振谱仪,简称 NMR,主要用于测定有机化合物中氢原子数及其连接方式;

(6)原子发射光谱仪,简称 AES,主要用于测定样品中金属元素的种类;

(7)原子吸收光谱仪,简称 AAS,主要用于测定样品中金属元素的含量;

(8)X 射线衍射仪,简称 XRD,主要用于测定固体的晶体结构。

通常,对于有机物样品,其分析检测过程一般为分离、含量测定、相对分子质量测定、分子结构测定。混合物的分离及各物质的含量测定由气相色谱仪完成;相对分子质量由质谱仪测定;分子结构由红外光谱仪、核磁共振谱仪和紫外可见光谱仪等测定。

对于无机固体样品,分析检测过程一般为元素种类测定、元素含量测定、晶体结构测定。通过原子发射光谱仪检测样品中化学元素的种类,用原子吸收光谱仪检测样品中化学元素的含量,通过 X 射线衍射仪测定样品的晶体结构。

课件涉及知识范围很广,要求学生必须认真预习以下内容。

(一)气相色谱-质谱联用仪(GC - MS)

气相色谱-质谱联用仪由气相色谱仪和质谱仪组成,由计算机统一管理。

气相色谱仪由气路系统、进样系统、分离系统、检测系统、记录与数据处理系统组成。其核心是色谱分离柱,简称色谱柱。色谱柱外观为不锈钢管、铜管或玻璃管,长度从几厘米至几百厘米,内部填充有不同性能的吸附剂。近年来,随着色谱技术的发展,涂覆吸附剂于管壁的空心毛细管色谱柱得到了广泛的应用,其长度一般为 30 m,也可更长,这使分离效率大幅度提高。两种色谱柱的工作原理并无本质上的区别,都是利用不同分子的分子间引力的差异来分离混合物。即由于分子极性不同、在吸附剂或毛细管壁上的附着力(分子间引力)不同,因此在载气的冲洗下,作用力较小的分子容易脱离吸附状态,向后移动,表现出移动速度快,而作用力较大的分子则移动较慢,在不同时间收集通过色谱柱的混合气体,即可得到不同成分的物质,达到分离的目的。

色谱检测器有热导检测器和氢焰检测器等。热导检测器,又称热导池,其内部为通有一定电流的热敏电阻丝。由于不同气体的导热系数不同,含有待测物的载气与纯载气相比,将从电热丝上带走不同的热量,导致电热丝温度变化,电阻也相应变化,用电桥检测出电信号并被仪器记录,最后输入计算机,得到色谱图。

色谱图上不同的峰,代表不同的物质,因此,峰的数目代表不同物质的种类,而面积则代表各组分的相对含量。因此,通过色谱分析,可以确定样品由几种物质混合而成,其相对含量为多少等信息。每一个谱峰具体是什么物质,则有待于相对分子质量和分子结构的测定。

相对分子质量可以通过质谱仪测定。在色谱-质谱联用仪中,毛细管色谱柱的末端与质谱仪直接相连。上述色谱峰的位置和面积,则一次性地由质谱仪对不同物质出现的时间和数量来确定。来自气相色谱仪的各单组分,经电子轰击,分子将被电离或解离。带正电的粒子通过电场加速,进入质量分析器进行质量分析,最后进入检测器。

质谱仪的核心是质量分析器。早期的质量分析器是一个均匀的磁场,经过电场加速达到一定速度的正离子,在磁场中飞行会改变运动方向;质量不同的粒子,由于惯性大小不同,偏转的角度也不同,在质量分析器末端一定位置上检测到各种质量的粒子。

磁场质量分析器非常笨重,随着科技的发展,现代的质谱仪中已不再使用,取而代之的是质量轻、体积小、价格低廉的四极质量分析器。其基本原理是使正离子通过两对电极产生的电场,电极的极性交替变化,正离子作螺旋式运动,通过控制极性变化的频率,使一定质量的粒子通过,达到分离不同质量粒子的目的。

检测器一般采用电子倍增器。离子轰击某些合金材料,将从材料表面诱发出电子,经过电场的作用,电子再轰击另一材料表面,诱发出更多的电子,并向正电势一端移动,由信号放大器即可检测出电信号。电信号包括离子质量、出现离子的时间和离子的数量。离子数量又称为丰度。这些信息都清楚地反映在色谱-质谱图中。

由此可见,一张色谱图中可能有很多(如兴奋剂检测中可达百余个)谱峰,对应不同的物质,而每一色谱峰均对应一张互不相同的单独的质谱图。

谱图的解析、检索、应用等内容,请认真观看教学片。

(二)红外光谱仪(IR)

红外光谱是波谱分析的一种,红外光谱仪是测定分子结构的一种最常用的仪器。

为了更好地学习红外光谱等波谱分析的基本原理,首先要了解一些波谱分析的基础知识。众所周知,自然界中存在着连续的电磁辐射,按其能量从高到低,也就是波长由短到长依次排列为 γ 射线、X 射线、紫外光、可见光、红外线、微波和无线电波。

现代波谱分析中有用的光谱区域是 X 射线区、紫外可见区、红外区和无线电波区。对应的分析方法是 X 射线衍射、紫外可见光谱、红外光谱和核磁共振谱。其中,可见光区也包括原子光谱。

电磁辐射用于化学分析,其基本原理是样品对辐射的特征吸收。吸收的波长用于物质的种类鉴定,称为定性分析;吸收的程度用于物质的含量测定,称为定量分析。

物质内部各种运动有不同的能级,这些运动在能级间的跃迁将产生不同范围的电磁辐射。X射线一般是电子从外层原子轨道向内层原子轨道跃迁产生的,X射线衍射分析将利用其波长较短,与晶体中原子间距相当,可以发生衍射的特性,测定晶体结构。紫外-可见光一般由原子或分子的价电子跃迁而产生,直接用于物质的组成和结构的分析测试。原子光谱一般也对应原子的外层电子激发与跃迁,直接用于元素种类和含量的分析测试。原子价电子的跃迁一般产生紫外和可见光,称为原子发射光谱。而原子发射光照射穿过同种原子后,又可被吸收,使光的强度减弱,称为原子吸收光谱。红外辐射对应于分子振动能级和转动能级的跃迁,分子的振动能级间隔比电子能级小,转动能级间隔又比振动能级小,振动与转动能级间的跃迁对应红外辐射,用于分子结构的分析测试。无线电波辐射产生于电磁振荡,利用外加磁场下核自旋能级发生分裂后,无线电辐射可以激发核自旋至不同取向的特性,用于核磁共振分析。

红外光谱仪简称IR,主要用于有机物、高聚物结构的测定及未知物的鉴定。它最突出的特点是高度的特征性,即每种化合物都有自己独特的红外光谱图。其优点是适用面宽、用量少,即液体、气体、固体样品都可以进行红外光谱测定。

红外光谱仪主要由光源系统、样品池、波长选择系统、检测系统、数据处理系统等组成。根据需要选择不同的红外光源,如电热钨丝、碳硅棒、能斯特灯、可调激光器等。

样品池的选用与样品的物理状态相对应。固体样品经过研磨后压成薄片,装入样品架进行测定。液体样品直接点在载片板上,放入样品架进行测定。而气体样品则须装入气体池中进行测定。

波长选择系统是红外光谱仪的核心,由光栅构成。光栅相当于三棱镜,但分光效果比三棱镜好。现代红外光谱仪中一般使用迈克尔逊干涉仪,测量出样品对红外光谱选择性吸收的干涉波信号,经过傅里叶变换的数学处理,得到红外光谱图。现以光栅分光的红外光谱仪为例来说明仪器的工作原理。从光源出发,光线被分解为相同的两束。一束不经过样品池,称为参比光,另一束穿过样品池。穿过样品池的光线中,有些特定波长的红外线正好能够被分子的振动运动吸收,使振动运动处于激发态能级上。例如,H_2O分子的弯曲振动将吸收 1 595 cm^{-1} 的红外光,对称伸缩振动吸收 3 657 cm^{-1} 的红外光,反对称伸缩振动吸收 3 756 cm^{-1} 的红外光。透过样品池的红外线中上述三种波长的红外线强度较低,用光栅将透射光分光后与参比光一一比较,便可知哪些波长的红外光已被吸收,从而被仪器记录。

信号的检测利用了红外辐射产生热效应的原理,常用的检测器有热电偶检测器、热敏电阻检测器等。数据处理系统是一组计算机管理系统。随着测试的进行,计算机实时记录信号。

计算机数据库中已储存了大量的已知物标准红外谱图,只需将实际测到的谱图与标准谱图对比,就可初步判断样品是什么化合物。当然,对于一种未知的新化合物,计算机不能检测到它的标准红外谱图,但红外光谱可以提供许多有用的信息,再通过核磁共振等其他现代分析技术的帮助,即可确定未知物的结构。

(三)紫外-可见光谱仪(UVS)

紫外-可见光谱仪简称UVS,主要用于有机化合物、金属有机化合物、配位化合物、无机有色化合物结构的测定及鉴定。它的特点是分析速度快、操作过程简捷、分析准确度较高等。

在分子中,价电子的激发与原子中的情形一样,如果分子的价电子受到紫外和可见光的照射,也会从较低能级激发到较高能级。不同的分子,价电子能级差不同,吸收的紫外可见光也不同,这一特性可以用于紫外可见光谱的分析。

紫外可见光谱仪又叫紫外可见分光光度计,与红外光谱仪的工作原理基本相同,也是由光源系统、波长选择系统、样品池、光信号检测系统组成,由计算机统一管理。二者的区别主要是采用的光源不同,样品池与波长选择器的前后位置不同。

紫外可见光谱仪的工作过程是,由光源发射出连续的紫外可见光,经波长选择器分光后的单色光通过狭缝,按波长顺序,逐一照射到样品池,随检测样品的不同,样品吸收光波的波长也不相同,由光电池的光效应记录信号,并输入计算机,从而得到谱图。

谱图的解析与分析的目的有关。如果进行定量分析,则借助于标准浓度的已知吸光度曲线测定浓度。如果进行定性分析,可凭经验,同时也可通过与数据库中存储的标准谱图比较,得到待测样品的组成、结构和官能团的有关信息。

由于分子的价电子激发能级有限,同时又受到溶剂效应的影响,紫外可见光谱能够提供的信息不如红外光谱丰富,在应用中受到一定的限制。但紫外可见光谱在一些特定的研究领域,如配位化合物的研究中能够发挥更多的作用。

（四）核磁共振谱仪（NMR）

核磁共振谱仪,简称 NMR,主要用于有机化合物结构的鉴定,即测定有机化合物中不同类型氢原子的相对数目及其连接方式。此外,还应用于现代生物学、医疗及考古等方面。目前,使用最广泛的是氢核共振。

核磁共振谱仪包含一个稳定的外加磁场,一套使样品旋转的装置,一个无线电射频发射器,一个射频接收器和一套数据处理系统。

外加磁场主要有永磁铁、电磁铁和超导磁体,用于产生一个恒定磁感应强度的强磁场。超导磁体是核磁共振谱仪中最先进的一种,具有测定范围宽、分辨率高等优点。

测定时须加入参考物质,如四甲基硅烷等,因为四甲基硅烷中氢原子所处的化学环境完全相同。将加入参考物质的待测样品装在样品管中,并放在绕有发射线圈和接收线圈的套管内,发射线圈向样品辐射电磁波。与电子自旋相似,样品中原子核也绕轴自旋。在强磁场中,核自旋能级将发生分裂;而在电磁辐射的作用下,核自旋要从稳定取向激发到不稳定取向,也就是从低能级激发到高能级,这一过程需要吸收不同的电磁辐射能量。又由于处于高能状态的自旋运动随时要跃迁回低能状态,因此称核自旋的这种激发和跃迁为核磁共振。接受线圈感应出共振信号,经过检波、放大、傅里叶变换,得到谱图。

数据处理系统是一组计算机管理系统。由于不同化学环境中的氢原子核受到电子云不同程度的屏蔽,因此,引起核磁发生共振的无线电射频频率,即化学位移也不相同。每个谱峰曲线下的面积,代表氢原子的相对数目,是吸收辐射总量的标志。核磁共振谱图谱峰上的分裂,是该氢原子附近其他氢原子核自旋影响的结果。谱峰分裂也是很重要的信息,用于判断相邻氢原子的个数,从而确定分子中氢原子的连接方式。

对谱图的解析,是得出正确结论的关键。核磁共振谱图中主要有三方面重要信息:

(1)谱峰位置,表示化学位移;

（2）谱峰相对面积，表示不同氢原子的相对数目；

（3）谱峰分裂数，表示相邻的其他氢原子数。

计算机数据库中已储存有已知物的图谱，只需把未知样品的谱图与数据库的谱图比较，即可得到待测物分子的结构。当然，对新化合物及更为复杂的分子，还需其他现代分析方法（如红外光谱、紫外光谱、质谱等）的配合才能最终确认。

傅里叶变换超导磁体核磁共振谱仪的特点是分辨率高、化学位移范围大、实际应用广泛。不仅有用于氢原子结构分析的氢谱，而且还有用于特殊领域的^{13}C，^{19}F，^{31}P谱等。不仅可以得到一维的核磁共振谱图，而且还可以得到二维、三维谱图。现代医疗检测中也采用了核磁共振技术。

（五）原子光谱仪

原子光谱仪有原子发射光谱和原子吸收光谱两种。

1. 原子发射光谱仪（AES）

原子发射光谱仪简称 AES，主要用于检测样品中含有金属元素的种类，由激发光源、狭缝、光线准直镜、光栅、检测记录器等组成。

原子都是由原子核和绕核运动的电子组成的，核外电子的排布使原子具有最低能量，称为基态原子。当原子被外界足够的能量如热能、电能、光能等激发时，外层电子吸收一定的能量后，由基态激发到较高能级上，成为激发态原子。外层电子可激发到不同的能级，因此有不同的激发态。激发态原子是不稳定的，当它再跃迁回基态时，将辐射出不同频率的光，这种光称为光谱线。光谱线经分光处理后，用检测仪器或照相的办法，记录各种波长光谱线的存在，从而可以准确确定样品中含有的元素种类。

原子发射光谱仪的关键部件是光栅。光栅是用激光在表面上刻出等间隔平行条纹的一块晶体，它的作用与三棱镜完全相同，但比三棱镜的分光效果高。条纹越密集，分光效果越好。

一种先进的原子发射光谱仪是采用电感耦合等离子体光源，这种仪器简称 ICP 或 ICP - AES。其操作控制、谱图解析和定量分析，都用计算机完成。与电弧光源发射光谱仪比较，ICP 的主要优点是抗干扰性能好，精度高，定量分析能力强，自动化程度高等。

2. 原子吸收光谱仪（AAS）

原子吸收光谱仪又叫原子吸收分光光度计，简称 AAS。主要用于测定金属元素的含量，在冶金、地质、采矿、轻工、农业、医药、卫生、食品及环境监测等方面有着广泛的应用。

原子吸收分光光度计主要由光源、原子化系统、光学系统、检测系统、数据处理系统等组成。

原子的外层电子可被激发到不同的能级，因此有不同的激发态。当电子从第一激发态跃迁到基态时，要发射出特定频率的光，这种光线正好可以激发下一个处于基态的同种原子，使它的价电子被激发到第一激发态。这一过程被称为共振吸收。原子吸收光谱就是利用已知元素发射的特定谱线被样品中同种原子共振吸收的原理来工作的。不同原子的原子结构不同，核外电子排布不同，因而原子的吸收光谱也不同，元素的吸收谱线具有特征性。

由待测元素制成的空心阴极灯发射出一定强度和一定波长的特征谱线光,当它通过含有待测元素基态原子蒸汽的火焰时,其中部分特征谱线的光被吸收,而未被吸收的光照射到光电检测器上被检测,根据特征谱线光被吸收的程度可测得样品中待测元素的含量。

空心阴极灯又叫元素灯,是目前原子吸收光谱仪中普遍使用的光源。空心阴极灯由待测元素的纯金属或合金制成。空心阴极放电即可辐射出待测元素的光谱线。如果需要测定多种元素的含量,在测定完一种元素后需要更换空心阴极灯,吸收波长、狭缝宽度、灯电流、火焰高度等参数均须做相应的调整。

原子发射光谱仪和原子吸收光谱仪一般都用于无机样品中金属元素的分析。但是,原子发射光谱仪主要用于未知元素的定性检测,定量灵敏度较低;而原子吸收光谱仪一般只能用于已知元素的定量分析,不能同时检测出其他未知元素,但定量精度高。

(六)X 射线衍射仪

X 射线衍射仪是测定晶体结构的主要仪器,由 X 射线发生器、测角仪、计数记录仪和控制与运算系统 4 部分组成。

产生 X 射线的系统称为 X 射线发生器。X 射线的产生是用高能电子束轰击某种材料制成的靶,靶材中原子的内层电子被激发;处于激发态的电子很不稳定,容易再回到内层轨道,同时发射出一定波长的 X 射线。X 射线发生器常用的靶有铜靶、铬靶、铁靶、钼靶等。各种靶均产生不同波长的特征 X 射线,用于不同样品的分析。铜靶中电子从 2p 轨道跃迁到 1s 轨道所产生的 X 射线,其波长为 0.154 nm,称为 $K\alpha$ 线,这一射线几乎适用于所有粉末样品的分析。

众所周知,晶体是由原子或分子在晶格上有序排列构成的。晶格中原子间距很小,一般是 0.1~0.3 nm,而铜的 $K\alpha$ 线波长是 0.154 nm,与原子间距相当,这种射线可以通过晶格这一特殊狭缝发生衍射。衍射线的位置和强度,通过测角计数仪测定并记录下来,得到谱图。

谱图检索匹配是将测得的样品谱图和计算机数据库中的标准谱图进行对比,得到样品属于何种晶体构型的结论。

任何一种晶体物质都有其特定的晶体结构和晶格参数,因而有不同的 X 射线衍射图。

随着科学技术的发展,X 射线衍射仪也在不断发展。如 X 射线四圆衍射仪,它以单晶体为样品,可以直接测量出晶体中原子的空间坐标,用于各种新化合物的结构测定。我国科学家利用四圆衍射技术,首次测定了大苞雪莲内脂和柴达木石的结构图,得到了国际学术机构的承认和命名。

X 射线衍射仪是研究晶体结构的有效方法,用于固体物质的物相鉴定和晶格参数的测定,广泛应用于化学、物理学、天文学、生物学、冶金学和石油化工等各研究领域。

(七)思考题

1. 现有一瓶有机液体样品,请设计测试路线。

2. 现有一无机固体样品,请设计测试路线。

3. 大型仪器测试的优势是什么?

实验十九　气相色谱-质谱联用仪智能仿真

　　气相色谱-质谱联用仪多媒体仿真软件包括原理、演示、仿真操作和测验四部分。原理和演示文件打开后自动播放,并配有解说和相应的演示画面。仿真操作文件打开后,可完全参照演示部分的内容依次操作。测验部分主要用来检验操作者对所学内容的掌握程度,并配有标准答案作对照。

　　软件操作步骤如下:

　　(1)打开计算机,放入光盘。打开光盘内容,进入该软件主界面。主界面上显示原理、演示、仿真和测验4个按钮。可任意点击,无先后顺序。

　　(2)点击"原理"或"演示",可观看该仪器的原理介绍和样品分析的仿真操作过程。播放完成后,点击"返回",回到主界面。

　　(3)点击"仿真",即可开始未知样品的仿真分析过程。

　　1)选择某一未知样品。

　　2)进入控制系统,页面中有参数设置、进样、谱图、打开文件4个按钮,使用时须依次点击。

　　3)选中并点击"参数设置",进入各项参数设置界面。

　　4)选择分离柱,点击"毛细管柱",显示三种极性的毛细管柱,选择其中一个。当不知如何选择时,可点击屏幕下方"提示"按钮,获得柱选择的信息。

　　5)点击"下一步",进入"温度设置",打开加热器和区域温度开关,进入区域温度的设置。

　　6)区域温度设置界面中包括进样口温度和检测器温度的设置,分别点开下拉菜单,进行温度的选择。当选择不合适时,将有提示栏跳出,提示正确选择。也可直接点击"提示"按钮后,再选择。点击"下一步"。

　　7)进入程序升温设置,包括初始温度和最终温度设置。点开下拉菜单,选择某一温度,也可经"提示"后再选择。点击"下一步"。

　　8)柱压设置,点开下拉菜单,选择某一压力,或经"提示"后再选择。点击"下一步",进行分流比选择。

　　9)点开下拉菜单,选择某一比例,或经"提示"后再选择。点击"下一步",进行质谱检测的"分子质量范围"设置。

　　10)点开下拉菜单,选择某一分子质量范围,或经"提示"后再选择。点击"下一步"。

　　11)显示所有已设参数,可检查所设置的参数是否合适。若需修改,点击"上一步",返回相应的页面进行参数的修改;如果无误,点击"完成",回到控制系统主页面,准备进样。

　　12)点击"进样",显示进样画面。画面播放完成后,自动返回主界面,开始气相色谱和质谱的分析。

　　13)点击"谱图",进入色谱分析界面。点击"色谱图",出现色谱图的出峰过程。色谱峰的数目反映样品中所含组分的多少。出峰完成后,"色谱图"按钮成为灰色,不可点击,其他按钮同时被激活。拖动绿色标尺至各色谱峰,则在屏幕左下方方框内显示各色谱峰出峰的保留时间及峰面积。点击"标识图谱",各色谱峰上自动标识出保留时间。点击"图形处理",可对色谱图进行左右移动、放大缩小等处理,色谱分析就结束了。点击"质谱检索",进入质谱分析。

　　14)将绿色标尺拖至某一色谱峰,并点击,则在色谱图下方显示与该色谱峰对应的质谱图。

点击"质谱分析",进入对该样品质谱的解析。

　　15)在屏幕左下方显示标准图库中与样品质谱图相匹配的五种物质的名称、相对分子量和匹配概率。点击任意物质,在右侧方框内将显示该物质的结构式,在样品色谱图的下方显示该物质的标准质谱图。屏幕右上方有"样品质谱解析"和"标准图库检索"两个按钮,可进行切换。点击"样品质谱解析",则在样品质谱图下显示其主要质谱峰所对应的分子碎片。经过比较分析,即可确定色谱峰所对应的物质。点击"返回",以同样的方法进行其他色谱峰的质谱分析。分析完成后,"保存"分析结果,"返回"控制系统界面。选择"打开文件",可查看已保存的色谱和质谱分析结果。一个学习过程就完成了。详细过程请参看"演示"。

　　16)某一样品的仿真操作完成后,点击"返回",到"仿真操作－样品选择"界面,继续其他样品的测试,方法同上。

　　(4)"测验"部分包括 10 道关于气相色谱-质谱联用仪的测试题,并配有标准答案和对错提示。

实验二十 傅里叶变换红外光谱仪智能仿真

软件操作步骤如下：

（1）傅里叶变换红外光谱仪"片头"，跳出"光盘介绍"及"帮助"，进入"主菜单"。

（2）点击"原理"，自动播放红外光谱仪的基本原理。

（3）点击"演示"，自动播放红外光谱仪的操作演示。

（4）点击"仿真"，跳出"未知样品 1—未知样品 7"，选定并点击，进入"系统主菜单"，点击"谱图扫描"。

（5）选择"扫描区间"：$400 \sim 4\ 000\ cm^{-1}$，$400 \sim 800\ cm^{-1}$，$800 \sim 2\ 000\ cm^{-1}$，$2\ 000 \sim 4\ 000\ cm^{-1}$ 等；选择"分辨率"：$10,5,2,1,0.5\ cm^{-1}$ 等。如果不选择，直接点击"进入"，仪器以默认值 $400 \sim 4\ 000\ cm^{-1}$，$2\ cm^{-1}$ 进行"谱图扫描"。

（6）点击"本底扫描"，扣除环境中 CO_2、水蒸气的干扰。

（7）点击"试样扫描"，选择"透射光谱"或"吸收光谱"。

（8）点击"谱图转换"，可将透射光谱图与吸收光谱图互换。

（9）点击"图形处理"，对谱图进行横向或纵向的放大、缩小、左移、右移、上移、下移等处理。

（10）点击"谱图保存"，输入文件名，"保存"，"返回"系统主菜单。

（11）点击"谱图检索"，"打开样品谱图"，点击"文件名"，选择谱图颜色，谱图跳出。

（12）点击"选择图库"，根据待测样品，选择并点击；点击"检索匹配"，出现与待检索样品匹配概率较高的物质名；点击物质名，该标准谱图与样品谱图叠加显示，对应的结构式在谱图下方，逐一点击。

（13）返回"系统主菜单"，点击"谱图分析"。

（14）点击"打开文件"，选择颜色；点击"文件名"，打开。

（15）移动十字标尺，点击"标识谱图"，标出波长和相对吸收强度的数值；点击"振动方式"，出现对应结构的振动形式，逐一点击。

（16）点击"打印图谱"，得到分析样品的红外光谱图。

（17）返回"系统主菜单"，点击"测验"，通过测验，完成学习。

（18）退出。

实验二十一　紫外可见光谱仪智能仿真

紫外可见光谱仪多媒体仿真软件包括原理、演示、仿真操作和测验四部分。原理和演示文件打开后自动播放，并配有解说和相应的演示画面。仿真操作文件打开后，可完全参照演示部分的内容依次操作。测验部分主要用来检验操作者对所学内容的掌握程度，并配有标准答案作对照。建议先观看"原理"和"演示"，再进行仿真操作。

软件操作步骤

（1）开机。打开计算机，放入光盘。打开光盘内容，进入该软件主界面。主界面上显示原理、演示、仿真和测验 4 个按钮。可任意点击，无先后顺序。

（2）原理与演示。点击"原理"或"演示"，可观看该仪器的原理介绍和样品分析的仿真操作过程。播放完成后，点击"返回"，回到主界面。

（3）仿真。点击"仿真"，自动显示紫外光谱仪的开机画面，随后进入样品选择界面。

1）选择某一样品，则自动显示加样、待测画面。画面结束后，自动进入控制系统。系统中设有基线校正、参数设置、谱图扫描、谱图分析及重选样品五个按钮。此时，"基线校正"和"重选样品"按钮可点击。

2）点击"基线校正"，设定基线校正波长。在"开始波长"的下拉菜单中选择某一波长，再在"结束波长"菜单中选择某一波长。波长选择原则参照"演示"。点击"确定"，自动显示基线校正进程，并自动进入系统主菜单。此时，"参数设置"按钮被激活。

3）点击"参数设置"，先进行"测定参数"设置。各参数设置完成后，"仪器参数"按钮才可点击。各参数设置原则参看"演示"。所有参数设置完成后，点击"确定"，自动演示数据上传进程，并回到主菜单。

4）点击"谱图扫描"，进入谱图扫描界面。点击"扫描"，自动演示谱图的出峰过程。演示完成后"扫描"按钮变为"分析"按钮。点击"分析"，进入谱图分析界面。

点击"标识谱图"，显示被标识谱峰，并在谱图下方表格中给出所标识谱峰的信息。

点击"谱图检索"，自动跳出对该样品的定性分析结果。

点击"保存"，键入文件名，保存该样品测试结果。点击"返回"，回到系统主菜单。点击"重选样品"，进入样品选择界面，可选择其他样品进行仿真分析。

5）所有样品分析完成后，点击"返回"，退出仿真操作，进行"测试"练习。

实验二十二 核磁共振谱仪智能仿真

核磁共振谱仪多媒体仿真软件包括原理、演示、仿真操作和测验四部分。原理和演示文件打开后自动播放，并配有解说和相应的演示画面。仿真操作文件打开后，可完全参照演示部分的内容依次操作。测验部分主要用来检验操作者对所学内容的掌握程度，并配有标准答案作对照。建议先观看"原理"和"演示"，再进行仿真操作。

软件操作步骤

(1)开机。打开计算机，放入光盘。打开光盘内容，进入该软件主界面。主界面上显示原理、演示、仿真和测验 4 个按钮。可任意点击，无先后顺序。

(2)原理与演示。点击"原理"或"演示"，可观看该仪器的原理介绍和样品分析的仿真操作过程。播放完成后，点击"返回"，回到主界面。

(3)仿真操作。点击"仿真"，进入样品选择界面。

1)选择样品。共有 8 种未知样品，选择其一，自动进入系统主菜单。

2)参数设置。点击"参数设置"，进入测定参数设置界面。各参数须从上至下依次设置，前一参数设置完成后，下一个参数方可点击。具体操作可参见"演示"。

无需点击"溶剂选择"按钮，直接选择溶剂，"确认"后可开始进样。

点击"进样"，自动演示进样画面。

点击"共振频率"，本软件只针对核磁共振氢谱的仿真分析，故只有氢的共振频率可选。

点击"脉冲功率"，有 2 项可选，选择其一。

点击"弛豫时间"，有 3 项可选，选择其一。

点击"温度设置"，在小方框内键入 273～1 000 K 之间的某一温度，也可选择系统默认温度 300 K。点击"确定"。

点击"扣除背景"，根据参数设置中第一步所选的溶剂，选择需扣除背景的溶剂。

点击"谱宽选择"，有 4 项可选，选择其一。

点击"扫描次数"，有 3 项可选，选择其一。

点击"采样点数"，有 3 项可选，选择其一。至此，所有参数设置完毕。点击"完成"，回到主菜单。

3)均场。点击"均场"，左侧画面显示仪器自动均场。右侧显示所设置的各参数，如果需要修改，可点击"返回"，回到主菜单，在"参数设置"中修改参数。均场完成后，"返回"键自动变成"完成"键，点击"完成"，回到主菜单。

4)谱图测定。点击"谱图测定"，进入谱图的测定和分析。此时仅有"测定"可点击。

点击"测定"，显示自动出峰过程，得到样品的核磁共振谱图。此时"保存""谱图处理""谱图解析"变为可点击。

点击"谱图处理"，弹出对话框，根据所得谱图上的信息，在小方框内键入合适的数字。点击"确定"，显示经过处理的谱图。如果不需要处理谱图，可点击"取消"或恢复键。

点击"谱图解析"，在谱图上方显示该谱图所代表的样品的结构式，所有氢原子均用黄色标出。拖动蓝色标尺到某一谱峰，则结构式中与该峰对应的氢原子闪烁，并变为白色。依次拖动标尺到其他谱峰分析。具体分析过程可参考"演示"的解说。

点击"保存"，键入文件名，保存所得谱图。点击"返回"，回到主菜单。

在主菜单中点击"返回"，退出仿真操作，进入样品选择界面，再进行其他样品的分析。

（4）所有样品分析后，可练习"测验"。这部分有十道题，并配有对错提示和标准答案。

实验二十三　原子吸收光谱仪智能仿真

软件操作步骤

(1)原子吸收光谱仪"片头",跳出"光盘介绍"及"帮助",进入"主菜单"。

(2)点击"原理",自动播放原子吸收光谱仪的基本原理。

(3)点击"演示",自动播放原子吸收光谱仪的操作演示。

(4)点击"仿真",进入"开机",选择"燃气":乙炔-空气、乙炔-一氧化二氮、氢气-空气等,不选择时,仪器以默认燃气乙炔-空气进入,点击"下一步"。

(5)打开燃气瓶,开机进入系统。点击"返回"。

(6)点击"参数设置"。在元素周期表中点击待选元素,显示元素名及共振吸收线波长;点击"元素波长表"另选共振吸收线波长,点击"下一步"。

(7)仪器旋转灯架选灯,若点击"上一步",重新选元素及共振吸收线波长;点击"下一步"。

(8)显示:灯的名称、波长、采样次数、采样时间,点击"下一步"。

(9)选择:燃气流量为 0.9~1.4 L/min,燃烧器高度为 7.0~10.0 mm,灯电流为 30%~70%,狭缝宽度为 0.2~0.5 nm,点击"下一步"。

(10)点击"点火",仪器自动点火,返回。

(11)点击"标准曲线",仪器自动绘制标准曲线,绘制完成,点击"查询",可以逐点查询,点击"完成",返回。

(12)点击"测样",从标准曲线上查出待测元素的浓度,计算含量;点击"保存",命名。点击"完成",返回。

(13)点击"查看数据",可以逐一查看"参数设置""标准曲线""测样""元素"。点击"返回"。

(14)点击"测验",通过测验,完成学习。

(15)退出。

实验二十四 原子发射光谱仪智能仿真

原子发射光谱仪多媒体仿真软件包括原理、演示、仿真操作和测验四部分。原理和演示文件打开后自动播放，并配有解说和相应的演示画面。"仿真"操作，可完全参照"演示"中提示的方法进行操作。测验部分主要用来检验操作者对所学内容的掌握程度，并配有标准答案作对照。

软件操作步骤

（1）开机。打开计算机，放入光盘。打开光盘内容，进入主界面。主界面上显示原理、演示、仿真和测验 4 个按钮。可任意点击，无先后顺序。

（2）原理与演示。点击"原理"或"演示"，可观看该仪器的原理介绍和样品分析的仿真操作方法。播放完成后，点击"返回"，回到主界面。

（3）仿真操作。点击"仿真"，即可开始未知样品的仿真分析过程。

1）仪器自动初始化，校正波长。

"校正波长"按钮在初始化后被激活。点击该按钮，弹出对话框，确定后，开始自动校正过程。屏幕右侧提示自动校正中，并有"手动校正"按钮进行切换。具体操作过程请参看"演示"。所有元素波长校正完成后，自动进入控制系统界面。也可在确定波长已校正的情况下，点击"跳过"按钮，终止校正，进入控制系统。

2）定性分析。

①在控制系统中有"定性分析""定量分析""打开文件"3 个按钮，无选择顺序。点击"定性分析"，进入定性分析界面。

②进样。输入样品名，点开下拉菜单，选择样品抽吸时间和最大整合时间。选中并点击盛有某一未知样品溶液的容量瓶，动画演示进样。

③分析。进样结束后，自动显示出未知样品的全波长图，内有许多不同颜色的方块，在波长图外有相应颜色的方块闪烁，同时给出对应的定性结果。保存分析结果，自动返回定性分析"进样"界面，点击"返回"，回到控制系统。也可继续分析其他未知样品后，再返回控制系统。

3）定量分析。

①点击"定量分析"按钮，打开分析界面。该界面中的各项按钮必须按排列顺序依次点击，在前一项完成后，后一项才可被激活。

②建立分析方法。点开该按钮，出现元素周期表，由于本软件以 10 种元素的分析为例，这十种元素在周期表中被设为黑色字体，可点击。其余元素则为灰色字体，不可点击。

选择某一待分析的元素，点击。在屏幕左侧方框内显示被选元素常用于分析的灵敏线波长。3 个波长为可选波长，后面的波长设为不可点击。

点击波长前的小方框，出现红色对钩，同时在屏幕右侧方框内显示与该波长有干扰的元素及谱线波长，按同样方法再选择其他波长。一般应至少选择两个波长。

点击"确定"，返回元素周期表，按同样方法进行其他元素和波长的选择。选择完成后，点击"下一步"。界面显示所选元素、波长及该元素标准溶液的浓度。标准溶液浓度在此设为

10×10^{-6} 和 40×10^{-6}，空白为 0×10^{-6}。在"抽吸时间"菜单中，选择任一时间，分析方法建立完成。点击"保存方法"，分析方法被保存。点击"完成"，返回定量分析界面。"进标准样"按钮被激活。

③绘制标准曲线。点击"进标准样"，动画显示进样，并自动给出相关系数报告。报告中最左侧为分析方法中建立的几种元素波长，向右依次为每一波长所对应的标准曲线斜率、截距、相关系数。点击任一数据，则显示该数据所对应元素符号、波长及该波长的标准曲线。点击"关闭"，返回报告，按同样方法继续查看其他标准曲线。点击"返回"，回到定量分析界面。对线形关系不好的元素波长，可在"建立分析方法"或"查询分析方法"中进行修改，或重新建立分析方法，具体操作参看"演示"。

④测样。点击"测样"，进入测样界面。点击盛有待测元素溶液的容量瓶，开始进样，结束后自动给出测样结果报告，点击任一数据，则显示该数据所对应的元素、波长及波长图。经"扣除背景"处理后，关闭波长图，返回结果报告，再依次查看其他数据。详细分析过程请参看"演示"。点击"保存"，测样结果被保存。点击"返回"，回到定量分析界面。

⑤"查询分析方法"可用来查询已建立的分析方法，或修改不合适的方法。在该界面点击"返回"，将回到控制系统主菜单。主菜单中的"打开文件"可用来打开已保存的定性分析结果和定量分析结果。

（4）练习"测验"应安排在观看完原理、演示内容，并进行过仿真操作以后。这部分有十道题，并配有对错提示和标准答案。

实验二十五　X射线衍射仪智能仿真

　　X射线衍射仪是测定晶体结构的主要仪器,仿真软件由X射线衍射的"基本原理""操作演示"、人机互动的智能化"仿真操作"和检测学习效果的智能化"练习测试"四部分组成。

　　该软件通过智能化的"参数设置""样品扫描""标识谱图""谱图检索""晶体结构"等交互式仿真操作,使学生全面而深入地理解和掌握X射线衍射分析的基本原理、工作参数设置、仪器操作和测试结果分析方法等。

软件操作步骤

　　(1)打开计算机,放入光盘。打开光盘,显示X射线衍射仪"片头"和"光盘介绍",点击"跳过",进入软件主页面。

　　(2)主页面显示"原理""演示""仿真"和"测试"4个按钮。可任意点击,无先后顺序。

　　(3)点击"原理"按钮,自动播放X射线衍射仪的分析原理,并配有解说和相应画面。播放完成后,点击"返回",回到主页面。

　　(4)点击"演示",自动播放X射线衍射仪的分析操作全过程,可观看样品分析的全仿真过程,并配有解说。播放完成后,点击"返回",回到主页面。

　　(5)点击"仿真",显示"未知样品1～未知样品5",选择其中一个样品,即可开始未知样品的仿真分析全过程,可完全参照演示部分的内容依次操作。

　　(6)点击"参数设置",设定仪器工作参数。"参数设置"分为"扫描轴"设置和"扫描模式"设置两部分。初次进入时,必须首先设置"扫描轴",扫描轴设置完成后,"扫描模式"按钮变为可选,方可设定扫描模式。

　　"两侧同时扫描"是指仪器的两个检测器同时工作,"单侧扫描"则表示只有单侧的一个检测器工作,一般可任选。

　　(7)点击"扫描模式"。"扫描模式"包括"扫描方式""扫描角度范围""扫描速率"。初次设置"扫描模式"时,必须按顺序设置。

　　(8)点击"扫描方式"。"定速连续扫描"是指检测器及测量系统始终以相同的速率对样品进行扫描分析,工作效率较高,适用于大多数样品;"步进扫描"是指试样每转动一个固定的角度就停下来,测量该位置上的衍射强度。步进扫描在样品的衍射线强度极弱或背景辐射较高时可提高检测的准确度。

　　(9)点击"扫描角度范围"。选择最小起始角10°,最大终止角80°。"步长"是指检测器和测量系统的转动并非严格连续,而是一步步跳跃式转动,步长越小,精度越高。

　　(10)点击"扫描速率",设置检测器和测量系统的转动速率。

　　(11)参数设置完成后,点击"完成",将参数上传到仪器。

　　(12)点击"制样/装样"。将事先已经干燥、研磨好的粉末样品装填到专用载物片,插入样品架。

　　(13)点击"谱图",开始扫描,得到待测样品的X射线衍射谱图。

　　(14)点击"扣除背景",即可消除仪器噪声,校正谱图基线。

（15）点击"标识谱图"，进入子页面。谱图右侧表中列出的是 X 射线衍射谱图中强度较大的谱峰信息，移动图上光标，可查看光标所在谱峰的详细信息。点击"确定"，返回谱图分析。

（16）点击"谱图检索"，分"自动检索"和"元素限定检索"两种。如果能够确定样品所含元素种类，选择元素限定检索方式既快捷又准确；若不能确定样品的元素种类，则选择自动检索。

（17）选择"自动检索"，进入子页面，点击"检索"，仪器将样品谱图与图库中的谱图比对，按匹配概率高低给出 5 种物质。点击各物质，在样品的线状谱图下方会依次显示出这 5 种物质的特征峰谱图。点击"最小化图标"，可关闭检索结果。点击"返回"，回到谱图分析页面。

（18）点击"元素限定检索"。点击"参考信息"，可得该样品的元素分析。点击"确定"，进入谱图检索子页面。检索过程与自动检索相同。

（19）点击"保存"，键入文件名，如样品 1，点击"保存"。

（20）点击"返回"，回到谱图分析页面，再点击"返回"，回到仪器分析主页面。

（21）点击"分析报告"，选择已保存的文件，如"样品 1"，可浏览该样品晶体结构的详细分析报告，各特征峰的位置、强度、半峰宽、晶面间距、相对强度以及结晶学数据，如晶型、空间群、晶胞参数、密度等。

（22）点击"返回"，关闭"分析报告"，回到仪器分析主页面。

（23）点击"退出"，可重新选择样品继续分析。

（24）点击"测试"，用来检验操作者对所学内容的掌握程度，并配有标准答案作对照。

（25）点击"返回"，回到主页面。

（26）点击"退出"，出现片尾，全过程结束。

第六部分　微型化学实验

（一）微型化学实验的概念

微型化学实验（Microscale Chemical Experiment 或 Microscale Laboratory，简写为 M.L.）是一种新颖的实验方法和技术，意指所使用的药品微量化的实验，是绿色化学的一项方法与技术。据统计，采用微型实验后，试剂和药品的用量通常只需常规实验的 10% 左右。由于实验中药品用量大大减少，因而可节省实验开支，减少环境污染。药品的微量化使得反应时间缩短，中间过程（如溶解、过滤、蒸发、结晶等）费时少，实验手续大为简化，因而节省了实验时间，提高了实验效率，突出了实验过程中物质变化的本质和规律。过去一些由于试剂用量大、原材料价格昂贵或实验条件苛刻、处理不安全而不能为学生开设的实验，微型化后均有可能在学生实验中开出，因而有利于实验内容的革新。另外，微型化学实验的形式灵活，有些仪器和器材可以利用日常生活中的废弃物品进行替代（如可利用一次性针管代替移液管，用废旧眼药水瓶做滴管，用泡沫塑料制造隔热反应坑等）。通过让学生亲自制作和发明一些简易代用的仪器和器材，可培养其创造性思维的发展和灵活运用知识、亲自动手实践的能力，便于学生自己设计实验方案，选择实验条件，加强学生对基本理论和基本规律的理解和认识。

微型化学实验在国外已开展得相当广泛，国内也对此进行了积极研究和推广应用，其内容涉及普通化学、无机化学、分析化学、物理化学、有机化学、精细化工和高分子化学等领域。

应当指出的是，微型实验并非是常规实验简单地"大变小"或"多变少"，一些常规实验中不易出现的问题在微型实验中可能比较突出，须认真研究解决。药品微量化后，实验所用的仪器和器材也须作相应改变，尤其是实验操作方法与常规实验相比有较大区别，因而需要设计不同于常规实验的新的实验步骤和仪器。目前，国内外已研制出多种（套）微型化学实验仪器。开发具有通用性、创造性、多功能和低成本的微型仪器部件是微型实验仪器研制所应遵循的重要原则。

（二）微型化学实验仪器

常见的国外的成套微型化学实验仪器有 Mayo 型和 Williamson 型两种。Mayo 型成套微型仪器主要部件如图 6-1 所示。这套仪器的特点是：采用旋盖式接口的锥底反应瓶；采用具有回流、冷凝、馏液接引和承受等多种功能的微型 Hickman 蒸馏头；有专门设计的重结晶管可用于十几毫克晶体的重结晶；主要采用电磁电热搅拌器作为搅拌和加热的工具；全套仪器放置在 16 开书大小的塑料盒内，以便于携带。Williamson 型成套微型仪器主要部件如图 6-2 所示。它们的特点是：采用专门设计的各种型号的硅橡胶接头作为仪器部件的连接件或夹持件；除了微型蒸馏瓶外，还尽量运用刻度试管作为反应容器；发挥一种仪器多种功能；运用注射器或滴管进行液体加料或转移操作。

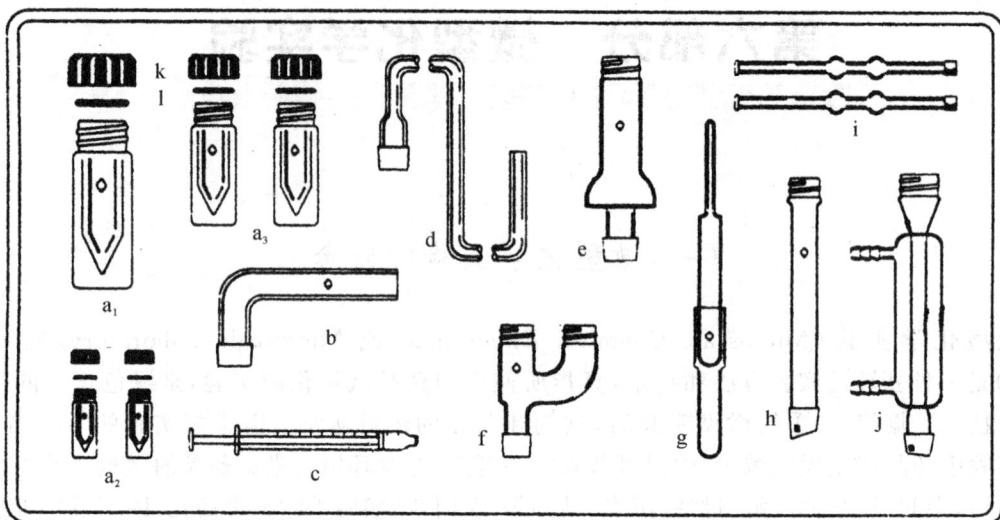

图 6-1　Mayo 型成套微型仪器

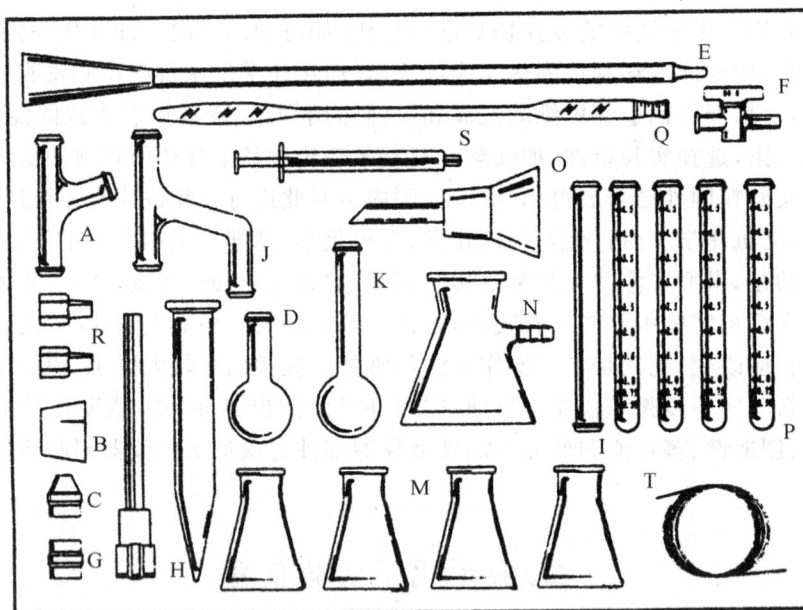

图 6-2　Williamson 型微型玻璃仪器

　　以上成套微型仪器主要用于微型有机化学实验。应用于微型无机化学和普通化学实验的有湛江师范学院研制的国产 ML-1 微型仪器。该套仪器的特点是:仪器具有多功能性,使其种类、数量大为减少,利用效率较高;仪器连接部位全部采用简易标准接口(非磨口)设计,但又具有磨口仪器安装方便的特点,便于操作;仪器可组装成具有启普原理的微型气体发生器,兼有固-液制气、液-液制气和固体加热制气等多种用途;多功能微型实验操作台能方便地安装各种微型化学实验装置,并能使全部实验装置的组合和操作过程均可以在同一操作台上进行;仪器夹为不锈钢弹簧式设计,安装时不用旋螺母固定,调节方便,不用时可拆卸;另外在操作台的底座上设计有四个孔穴,可用于点滴反应等。表 6-1 为 ML-1 微型仪器主要部件名称、用途及使用注意事项。

表 6-1　ML-1 微型仪器主要部件名称、用途及使用注意事项

仪器名称	一般用途	使用注意事项
微型气体发生器	由 U 形管和内套管组成 ① 装配气体发生装置可用于液-固制气、液-液制气和固-固加热制气 ② 可作电解、电镀盛液容器	① 可直接加热,要防止骤冷、骤热,以免引起仪器破裂 ② 使用时轻拿轻放,以免用力过猛,在弯曲处断裂 ③ 内套管根据需要可以随意取出,要注意保管 ④ 与其他仪器连接时,不要用力过猛,以免破裂
V 形侧泡反应管	① 用于气体与液体或气体与固体进行反应的仪器 ② 可用做液体、固体加热分解反应装置	① 可直接加热,加热时要先使其均匀受热,再在固定部位加热 ② 与其他仪器连接时,不要用力过猛,以免破裂
侧泡具支试管	① 制取小量气体 ② 用做试剂的反应容器 ③ 用做洗气或干燥管 ④ 可同时装载两种试剂分别进行实验	① 可直接加热,要防止骤冷、骤热,以免引起仪器破裂 ② 与其他仪器连接时,不要用力过猛,以免破裂
反边小试管	① 盛小量试剂 ② 用做小量试剂的反应容器 ③ 收集小量气体	① 可直接加热,防止骤冷骤热 ② 加热时应用仪器持夹夹持 ③ 与其他仪器连接时,不要用力过猛,以免破裂
直形通气管	① 用于导气 ② 接上普通滴管胶头即可组成一支滴管,用于吸取或滴加小量液体药品	① 作为滴管在取液体时不能倒置 ② 球状处为内接口,套上乳胶管可与微型气体发生器或侧泡具支试管连接组装成各种装置
直角形通气管	用于导气	球状处为内接口,套上乳胶管可与侧泡具支试管连接组装气体干燥和洗气装置
小烧杯	① 用做较大量反应的反应容器,反应物易混合均匀 ② 可用做配制溶液的容器 ③ 用做盛水容器	① 防止搅动时液体溅出,或沸腾时液体溢出 ② 防止玻璃受热不均匀而破裂

续 表

仪器名称	一般用途	使用注意事项
尖嘴管	① 作可燃气体的燃烧 ② 用于导气	球状处为内接口，套上乳胶管可与其他仪器连接组装
微型酒精灯	加热用	① 在第一次点燃时，先打开盖子用嘴吹去其中聚集的酒精蒸气，然后点燃，以免发生事故 ② 停止加热时不能用嘴去吹灭
塑料小药勺	① 取固体药品用 ② 用做搅拌棒	取用一种药品后，必须洗净，并用滤纸屑擦干后，才能取另一种药品
不锈钢主铁夹	① 大夹固定在操作台支柱上 ② 小夹用来夹住不锈钢持夹或卡仪板 ③ 夹把柄的两个孔可用于放置固定反边小试管或侧泡具支试管	① 使用过程中不要手抓着把柄，以免夹子打开 ② 使用完应擦干净夹子上粘污的化学药品
不锈钢仪器持夹	① 可夹持仪器进行加热 ② 可夹持试管、微型气体发生器、侧泡具支试管和 V 形侧泡反应管等	同上
卡仪板	① 可用于固定仪器 ② 与不锈钢主铁夹和微型操作台配合使用，可充当试管架	当用于夹持仪器进行加热时，应距离加热点尽量远
微型实验操作台	① 用于固定或放置反应容器 ② 操作台底座上的两个孔可用于放置多用塑料滴管 ③ 操作台底座上有四个孔穴，用于点滴反应，适用一些不需要分离的沉淀反应，尤其是显色反应	① 仪器固定时，仪器和操作台的重心应落在底座中部 ② 操作台支柱可活动，使用完后可拆下放置 ③ 孔穴不适宜进行接触有机试剂的反应
水槽（仪器盒、托盘）	① 装载仪器配件 ② 装较大量的水，当做水槽使用	用后要擦干水

续　表

仪器名称	一般用途	使用注意事项
止气(水)夹	夹着乳胶管,阻止气体或液体通过	防止大角度折反
毛刷	洗刷玻璃仪器	小心刷子顶端的铁丝撞破玻璃仪器

微型普通化学实验中最基本、最常用的仪器有多用滴管和井穴板两种。

1. 多用滴管

用聚乙烯塑料制成的多用滴管由吸泡和径管两部分组成,其外形尺寸如图 6-3 所示(图中尺寸为参考值)。多用滴管集储液和滴液功能为一体,可用做滴管(可省去试剂瓶)、反应器、移液管、滴定管等,又能耐一般无机酸、碱、盐的腐蚀。

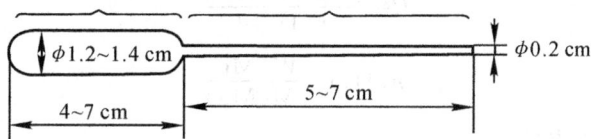

图 6-3　多用滴管

多用滴管用做滴管或滴定管时可加工如下:双手平持多用滴管,在酒精灯灯焰上方微微加热其径管,并不停转动,待管壁透明、软化后离开火焰,缓慢拉长径管到所需粗细,待透明管壁冷却至呈乳白色时才能松手。在拉细的适当部位剪断,这样可使垂直时滴出液滴体积控制在每毫升 40 滴左右。再利用截下的另一段径管做成盖子。若需定量测量液体的体积,考虑到滴出液体体积的准确性,液滴体积可通过体积法予以校正:用多用滴管吸取蒸馏水,保持垂直状态,将其滴入预先盛有 2~3 mL 蒸馏水的小量筒中,计数每毫升蒸馏水的滴数,取 6~8 mL 的平均值。注意:滴出液体时应始终用手捏持吸泡以免气泡进入。

2. 井穴板

用聚苯乙烯或有机玻璃制成的井穴板可具有不同数量和大小的井穴,如六孔井穴板、九孔井穴板等。井穴容积以 0.7~6 mL 为宜,图形尺寸如图 6-4 所示。井穴板可用做反应容器,以代替烧杯、试管、点滴板等。颜色改变或有沉淀产生的反应在井穴板上进行时现象明显,不仅操作者容易观察,而且通过投影仪还可做演示实验。应注意井穴板的使用温度不得超过 80℃,一些能与聚苯乙烯反应的物质,如芳香烃、氯代烃、酮、醚、四氢呋喃、二甲基甲酰胺或酯类有机物,不得储于井穴板中(烷烃、醇类、油可放入)。

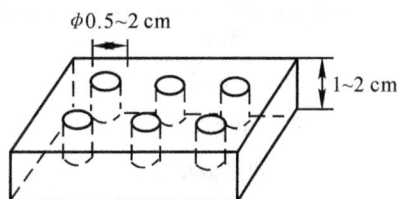

图 6-4　井穴板

实验二十六　气体常数的测定微型实验

（一）实验目的

(1)掌握电子天平的使用方法；
(2)学习微量法测定气体常数的一般方法。

（二）实验原理

镁与稀盐酸的反应为　　　　$Mg + 2HCl \longrightarrow MaCl_2 + H_2 \uparrow$

在一定温度和压力下,测定已知质量 m 的金属镁与过量盐酸反应所生成的氢气的体积 $V(H_2)$,通过理想气体状态方程式 $p(H_2)V(H_2) = n(H_2)RT$ 即可算出气体常数 R 的数值,有

$$R = \frac{p(H_2)V(H_2)}{n(H_2)T}$$

$$n(H_2) = \frac{W(Mg)}{M(Mg)}$$

式中　$W(Mg)$——镁片质量；

　　　$M(Mg)$——镁的相对原子质量。

实验的温度 T 由电子温度计测得,氢气的物质的量 $n(H_2)$ 由参加反应的镁的物质的量求出。产生的 H_2 的体积 $V(H_2)$ 由反应前后吸量管内的气体体积变化测得。由于 H_2 是在水面上收集的,其中混有水蒸气,由分压定律可知,H_2 的分压 $p(H_2) = p - p(H_2O)$。其中,p 为大气压,由电子气压计读取；$p(H_2O)$为实验温度 T 下的水的饱和蒸气压,可由书后附录查出。

（三）实验仪器和药品

1. 实验仪器

实验所需仪器见下表:

仪器名称	规　格	单　位	数　量
吸量管	15 mL	个	1
量筒	100 mL	个	1
电子天平		台	1
电子温度计		台	1
电子气压计		台	1
小橡胶塞		个	1
滴管		个	1

2. 实验药品和材料

实验所需药品和材料见下表：

药品或材料名称	浓度或数量
HCl	$6.0\ mol \cdot L^{-1}$
镁条	$0.011 \sim 0.013g$
砂纸	若干
铜丝	1 根

（四）实验内容与步骤

用电子天平称取一份已用砂纸擦去氧化膜的、质量约为 $0.011\sim0.013$ g 的光亮镁条（为什么?）。将镁条缠上铜丝对折后，投入已插进盛水量筒中的吸量管中，使镁条沉入吸量管底部。移动吸量管，使水面低于零刻度，用滴管吸取 1 mL $6.0\ mol \cdot L^{-1}$ 的 HCL，将滴管伸入吸量管内，靠近液面处迅速滴加后，立刻调整吸量管内外液面与"0"刻度相平。用小胶塞塞封吸量管上口后，调整吸量管内外液面相平，记录体积 V_1。片刻后反应开始，待镁条反应完毕，冷却至室温，调整吸量管内外液面相平，记下液面位置，等 $1\sim2$ min，再记录一次液面位置。如此重复操作，直至前后两次记录的液面位置相差不超过 0.05 mL 为止，此时体积即为 V_2，$V(H_2)=V_2-V_1$。

（五）数据记录及结果计算

将数据记录及结果计算填入表 6-2 中。

表　6-2

温度	
镁条质量	
$n(H_2)$	
V_1	
V_2	
p	
$p(H_2O)$	
$p(H_2)=p-p(H_2O)$	
$V(H_2)=V_2-V_1$	
$R=\dfrac{p(H_2)V(H_2)}{n(H_2)T}$	

相对误差 $=\dfrac{R-R_0}{R_0}\times100\% =$

（六）思考题

1. 常规实验的测定装置，与微型实验测定的装置相比较，你对设计微型实验装置有何启发？

2. 实验过程中，如果水从量筒中溢出对实验结果有无影响？

实验二十七　电化学微型实验

（一）实验目的

(1)了解原电池的组成和电动势的粗略测定；

(2)了解浓度、介质的酸碱性对电极电势的影响；

(3)了解电解的基本原理；

(4)了解金属的电化学腐蚀及防护。

（二）实验原理

1. 原电池的组成和电动势的粗略测定

将氧化还原反应产生电流的装置叫原电池。原电池一般由电解质溶液、不同的电极材料和盐桥组成（单液电池中没有盐桥）。任何两个电极电势不同的电极都可以组成原电池。对于由两种不同金属电极组成的原电池，一般来说，较活泼的金属为负极，较不活泼的金属为正极。放电时，负极上发生失去电子的氧化反应，正极上发生得到电子的还原反应。电子从负极流出，经外电路流入正极。在外电路上接电压表，可粗略地测得原电池的电动势 E（此时，测定过程中有电流流过）。要精确地测定原电池的电动势，需用电位差计以补偿法测定（又称对消法，此时测定过程中无电流通过）。原电池的电动势 E 为正、负电极的电极电势（分别用 φ_+ 和 φ_- 表示）的代数值之差，即

$$E = \varphi_+ - \varphi_-$$

2. 浓度、介质的酸碱性对电极电势的影响

(1)浓度对电极电势的影响。对电极反应，有

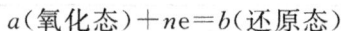

$$a(\text{氧化态}) + ne = b(\text{还原态})$$

依据能斯特方程，298.15 K 时，电极电势与浓度的关系式为

$$\varphi = \varphi^{\ominus} + \frac{0.059}{n} \lg \frac{c(\text{氧化态})/c^{\ominus}}{c(\text{还原态})/c^{\ominus}}$$

可见，增大氧化态物质浓度时，φ 将增大；反之，φ 将减小。

当与电极反应（或电池反应）有关的离子浓度发生改变时（如加入某种沉淀剂或配合剂等），则电极电势和电动势 E 会发生改变，有时甚至能导致原电池中电极正、负符号的改变。例如，向 $Cu^{2+} \mid Cu$ 半电池中加入氨水，由于生成了稳定的 $[Cu(NH_3)_4]^{2+}$ 配离子，显著降低了 Cu^{2+} 浓度，因而 $\varphi(Cu^{2+}/Cu)$ 减小。

(2)介质酸碱性对电极电势的影响。对于有 H^+ 或 OH^- 参与的电极反应，溶液的酸碱性对其电极电势有较大的影响。例如，电极反应

$$H_2O_2 + 2H^+ + 2e = 2H_2O \qquad \varphi^{\ominus}(H_2O_2/H_2O) = 1.776 \text{ V}$$

$$\varphi(H_2O_2/H_2O)=\varphi^{\ominus}(H_2O_2/H_2O)+\frac{0.059}{2}\lg\frac{c(H_2O_2)}{c(H^+)}$$

改变 H^+ 浓度，$\varphi(H_2O_2/H_2O)$ 会发生改变。

3. 电解的基本原理

直流电通过电解质溶液（或熔盐）而引起氧化还原反应的过程叫电解。为完成这一过程，即将电能转变为化学能的装置叫做电解池。电解池中，与直流电源负极相连的电极叫做阴极；与直流电源正极相连的电极叫做阳极。电子自电源的负极通过导线流入电解池的阴极，通过导线流回电源的正极。

电解时，阳极上是析出电势代数值较小的还原态物质先放电（先失电子）；阴极是析出电势代数值较大的氧化态物质先放电（得电子）。例如，用石墨做电极电解 KI 溶液时，阴、阳极的电极反应为

阳极　　　　　　　　　　　$2I^- -2e=I_2$

阴极　　　　　　　　　　　$2H^+ +2e=H_2$

4. 金属的电化学腐蚀及其防护

金属的电化学腐蚀是由于金属组成的不均匀或其他因素，使金属表面产生电极电势不等的区域，当表面有电解质溶液时，即形成腐蚀电池而使金属遭受破坏。腐蚀电池中，较活泼的金属作为阳极被氧化而腐蚀，而阴极仅起传递电子的作用，本身不被腐蚀。

白铁皮的表面镀层破损后，是哪种金属遭受腐蚀？实验中可用 $K_3[Fe(CN)_6]$（铁氰化钾）溶液来证明。

若是铁被腐蚀，则生成的 Fe^{2+} 与 $[Fe(CN)_6]^{3-}$ 作用，能生成特有的蓝色沉淀，即

$$3Fe^{2+} +2[Fe(CN)_6]^{3-} =\!=\!= Fe_3[Fe(CN)_6]_2\downarrow（蓝色沉淀）$$

若是锌被腐蚀，则生成的 Zn^{2+} 与 $[Fe(CN)_6]^{3-}$ 作用，能生成淡黄色沉淀，即

$$3Zn^{2+} +2[Fe(CN)_6]^{3-} =\!=\!= Zn_3[Fe(CN)_6]_2\downarrow（淡黄色沉淀）$$

在介质中，加入的少量能防止或延缓腐蚀过程的物质叫缓蚀剂。例如，乌洛托品、苯胺等可用做金属在酸性介质中的缓蚀剂。

阴极保护法是防止金属腐蚀的有效方法之一，分为牺牲阳极法和外加电流法两种，后者是将保护的金属与外加电源负极相连，使其成为阴极而受到保护。

（三）实验仪器和药品

1. 实验仪器

实验所需仪器见下表：

仪器名称	规　格	单　位	数　量
电压表	0～3V	个	1
具塞青霉素小瓶		个	3
井穴板		个	1

续　表

仪器名称	规　格	单　位	数　量
滤纸条		条	若干
小锌片		片	2
细铜棒		根	3
电源线(两端均带鳄鱼夹)		根	4
砂纸		片	若干
点滴板		块	1
白铁皮		片	1
石墨棒		根	1
小铁钉		枚	5
锉刀		把	1
搅拌棒		根	1
表面皿		片	1

2. 实验药品

实验所需药品见下表：

药品名称	浓　度
$ZnSO_4$	$0.1\ mol \cdot L^{-1}$
$CuSO_4$	$0.1\ mol \cdot L^{-1}$
HCl	$1\ mol \cdot L^{-1}$
$K_3[Fe(CN)_6]$	0.1%
H_2SO_4	$6\ mol \cdot L^{-1}$
KI	$0.2\ mol \cdot L^{-1}$
酚酞	0.1%
KCl	饱和溶液
$NH_3 \cdot H_2O$	$6\ mol \cdot L^{-1}$
$(NH_4)_2Fe(SO_4)_2$	$0.1\ mol \cdot L^{-1}$
H_2O_2	3%
铜电镀液	
乌洛托品	20%
蒸馏水	

（四）实验内容与步骤

1. 原电池的组成和电动势的粗略测定

经砂纸打光、洗净的细铜棒与小锌条分别插入盛有 $0.1\ mol \cdot L^{-1}$ 的 $CuSO_4$ 和 $0.1\ mol \cdot L^{-1}$ 的 $ZnSO_4$ 的具塞青霉素小药瓶中,用经饱和 KCl 溶液浸润的滤纸条作为盐桥,从 Cu,Zn 两极引出导线分别接电压表的正、负极,组成 Cu - Zn 原电池。观察电压表的指针偏转情况,并记录相应读数。

另取 $Pb(NO_3)_2$ 溶液以及 $FeCl_3$ 和 $(NH_4)_2Fe(SO_4)_2$ 混合溶液的两个小瓶,按表 6-3 所示,用相应的电极材料组成电极后,参照 Cu-Zn 原电池形式,将电极 I,II,III 分别与 IV 装配成各种不同的原电池,逐一观察电压表指针的偏转方向,并记录相应读数。

根据实验结果,写出上述各种原电池的电极反应、电池反应,并排出各电极的电极电动势的大小顺序。

表 6-3　一些电极的组成

电极编号	I	II	III	IV
电解质溶液	$CuSO_4$	$ZnSO_4$	$Pb(NO_3)_2$	$FeCl_3$ $(NH_4)_2Fe(SO_4)_2$
浓度	0.1	0.1	0.1	0.1
电极材料	Cu	Zn	Pb	石墨

2. 浓度、介质的酸碱性对电极电势的影响

(1)浓度对电极电势的影响。在井穴板的一个孔穴中加入 1~2 mL 0.1mol·L^{-1} 的 $ZnSO_4$ 溶液,在邻近的另一孔穴中加入 1~2 mL 0.1 mol·L^{-1} 的 $CuSO_4$ 溶液。在这两个孔穴中分别插入经砂纸打光、洗净的小锌片、细铜棒,组成两极,并用经饱和 KCl 溶液湿润过的滤纸条做盐桥,使之相连,组成原电池。用电压表测量并记录此原电池的电动势。

1)在 $CuSO_4$ 溶液中逐滴滴入 6 mol·L^{-1} 的 $NH_3·H_2O$,不断搅拌,直至生成的沉淀又溶解为止,观察电压表指针的偏转,测量此时的电动势;

2)在 $ZnSO_4$ 溶液中逐滴滴入与加入到 Cu 半电池相同体积的 6 mol·L^{-1} 的 $NH_3·H_2O$,不断搅拌至生成的沉淀又溶解为止,观察电压表指针的偏转,测量此时电动势。

从电动势的变化说明浓度对电极电势的影响。

(2)介质的酸碱性对电极电势的影响。在井穴板的一个孔穴中加入 1 mL 质量分数为 3%的 H_2O_2 溶液,在邻近的另一孔穴中加入 1 mL 的 $(NH_4)_2Fe(SO_4)_2$ 溶液,分别插入石墨棒、小铁钉组成两极,并用经饱和 KCl 浸润的滤纸条做盐桥,使之相连,组成原电池。用电压表测其电动势。向含 H_2O_2 的孔穴中滴入几滴 6 mol·L^{-1} 的 H_2SO_4 溶液,观察电动势的变化,并解释之。

3. 电解

取一条长约 2 cm 的滤纸条置于表面皿上,分别用 1 滴 0.2 mol·L^{-1} 的 KI 溶液和 1 滴 1%的酚酞溶液浸润之。以上述 Cu-Zn 原电池为电源,两根石墨棒为电极并都与滤纸条接触进行电解。几分钟后,观察滤纸条上与两电极接触点附近的颜色变化,指出阴、阳极并写出相应的电极反应。

4. 金属的电化学腐蚀及防护

(1)白铁皮的电化学腐蚀。取白铁皮一块(表面若有油污,用去污粉洗干净,擦干),用锉刀在其表面锉一深痕,使表面镀层破裂;将其置于点滴板的小窝中,然后在锉痕处滴加 HCl(1 mol·L^{-1})和 0.1%的 $K_3[Fe(CN)_6]$ 各 1 滴。观察锉痕处现象,指出是何种金属被腐蚀,为什么?

(2)金属电化学腐蚀的防护。

1)缓蚀剂法。在点滴板的两个小窝中各放一枚用砂纸打光、洗净的小铁钉,向其中一个小窝中加入 2 滴蒸馏水,另一个小窝中加入 2 滴 20％的乌洛托品,然后都加入 HCl(1 mol·L^{-1})和 0.1％的 K$_3$[Fe(CN)$_6$]各 1 滴。比较两个孔穴中颜色出现的快慢和深浅是否相同,为什么?

2)外加电流的阴极保护法。取一条宽约 0.5 cm、长约 2 cm 的滤纸条置于表面皿上,向其上分别滴加 0.2 mol·L^{-1}的 NaCl 溶液、0.1％的 K$_3$[Fe(CN)$_6$]和 1％的酚酞溶液各 1 滴以浸润之。将两枚用砂纸打磨、洗净的小铁钉隔开一段距离,放置在已浸润的滤纸片上,并分别与"实验内容与步骤"第一部分中 Cu－Zn 原电池正、负极相连。几分钟后,观察两铁钉与滤纸接触处有何现象并解释之。

(五)思考题

1. 组成原电池,须满足什么条件?

2. 在原电池(－)Zn|ZnSO$_4$(0.1 mol·L^{-1})‖CuSO$_4$(0.1 mol·L^{-1})|Cu(＋)的 CuSO$_4$溶液中加入 NH$_3$·H$_2$O,$c(Cu^{2+})$是增大还是减小? 此时原电池电动势变大还是变小? 然后在 ZnSO$_4$溶液中也加入 NH$_3$·H$_2$O,$c(Zn^{2+})$是增大还是减小? 此时原电池电动势是如何变化的? 写出最后原电池的电池符号。

3. 介质酸碱性对电对 H$_2$O$_2$/H$_2$O 的电极电势有何影响?

实验二十八　果汁中 Vc 含量的测定

（一）实验目的

(1)了解间接碘量测定 Vc 含量的原理和方法。
(2)学会微量滴定技术。

（二）实验原理

Vc 又称抗坏血酸,为白色略带淡黄色的结晶或粉末,无臭,味酸,分子式为 $C_6H_8O_6$。分子中的烯醇基具有还原性,能被 I_2 定量氧化成二酮基,因此本实验利用间接碘量法测定 Vc。反应依据如下:

反应由 IO_3^-,I^- 在 H_2SO_4 溶液中反应生成一定量的 I_2,即

$$IO_3^- + 5\ I^- + 6H^+ \Longrightarrow 3I_2 + 3H_2O$$

加入一定量的果汁,果汁中的 Vc 与 I_2 反应,消耗掉一些 I_2,即

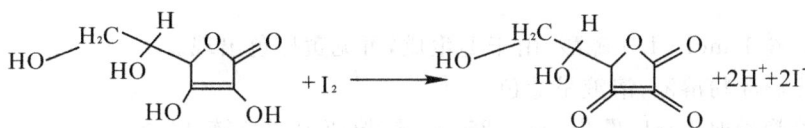

过量的 I_2 用 $Na_2S_2O_3$ 标准溶液滴定:

$$I_2 + S_2O_3^{2-} \Longrightarrow S_4O_6^{2-} + 2I^-$$

由此可知过量 I_2 的量,再由 I_2 总量可求出与 Vc 反应的 I_2 的量,既而可以计算求出 Vc 的量。

（三）实验仪器和药品

1. 实验仪器

实验所需仪器见下表:

仪器名称	规　格	单位与数量
微量滴定装置		1 套
锥形瓶	25 mL	1 个
移液管	2 mL	1 支
移液管	1 mL	1 支
量筒	5 mL	1 个

2. 实验药品

实验所需药品见下表：

药品名称	规　格
$Na_2S_2O_3$①	$0.01\ mol \cdot L^{-1}$
$KIO_3$②	$1.2 \times 10^{-3}\ mol \cdot L^{-1}$
KI③	$5 \times 10^{-3}\ mol \cdot L^{-1}$
淀粉溶液（新配）	0.2%
H_2SO_4	$1\ mol \cdot L^{-1}$
果汁样品	

（四）实验内容与步骤

（1）建起微量滴定装置，向其中加入 $Na_2S_2O_3$ 溶液。

（2）用移液管量取 2 mL 的 KIO_3 溶液于 25 mL 锥形瓶中。

（3）用量筒量取 3 mL 的 KI 溶液④，加入上述 25 mL 锥形瓶中（注意：加入的 KI 溶液需略微过量）。

（4）加入 3 滴 1 mol·L^{-1} 硫酸，由于 I_2 生成，可见黄棕色出现。

（5）加入几滴淀粉溶液，溶液呈蓝色。

（6）用移液管量取 1 mL 果汁，加入 25 mL 锥形瓶中，并轻轻摇动。

（7）用 $Na_2S_2O_3$ 溶液滴定烧杯中过量 I_2，蓝色消失为滴定终点⑤。

（8）重新滴定，比较两次滴定结果。如果数据可行，取平均值代入下式计算，求果汁中 Vc 含量⑥：

$$[3V(KIO_3)M(KIO_3) - V(Na_2S_2O_3)M(Na_2S_2O_3)]M(Vc)/V_{果汁}$$

式中　　$V(KIO_3)$——实验中消耗的 KIO_3 溶液的体积；

　　　　$M(KIO_3)$——KIO_3 溶液的浓度；

　$V(Na_2S_2O_3)$——实验中消耗的 $Na_2S_2O_3$ 溶液的体积；

$M(Na_2S_2O_3)$——$Na_2S_2O_3$ 溶液的浓度；

　　　　$M(Vc)$——Vc 的摩尔质量；

　　　　$V_{果汁}$——实验中量取的果汁体积。

---

① $Na_2S_2O_3$ 溶液的配制：准确称取 0.620 0 g $Na_2S_2O_3 \cdot 5H_2O$，溶于二次水中并移入 250 mL 棕色容量瓶中，用水稀释至刻度。

② KIO_3 溶液的配制：准确称取 0.054 0 g KIO_3，溶于二次水中并移入 250 mL 容量瓶中，用水稀释至刻度。

③ KI 溶液的配制：准确称取 0.210 0 g KI，溶于二次水中并移入 250 mL 容量瓶中，用水稀释至刻度。

④ 由于反应生成的 I_2 可由 KIO_3 的准确量可知，故 KI 和 H_2SO_4 略微过量，因而其浓度不需太准。

⑤ 滴定体积应在 0.5～1 mL。

⑥ 实验中也可用 I_2 标准溶液，每次测定时溶液中含 $7.2 \times 10^{-6}\ mol \cdot L^{-1}$ 的 I_2。

实验二十九　阿司匹林合成的微型实验

（一）实 验 目 的

（1）通过制备乙酰水杨酸了解酰化反应的原理和酰化剂的使用。
（2）利用酚的性质检验产品的纯度。
（3）了解重结晶的原理和微型实验方法；
（4）掌握显微熔点仪的使用方法；
（5）了解红外光谱分析法的基本原理，初步掌握红外光谱样品的制备和红外光谱仪的使用。
（6）了解红外光谱法的应用和谱图分析方法。

（二）实 验 原 理

在酸催化下，酚与酸或酸酐作用生成酯。阿司匹林（乙酰水杨酸）是一种白色针状晶体或结晶性粉末，无臭，略有酸味，熔点为 135℃，微溶于水，溶于乙醇、乙醚、氯仿，在沸水中分解，是常用的解热镇痛、抗炎、抗风湿药。

阿司匹林可由水杨酸（2-羟基苯甲酸）和乙酐反应得到。反应式为

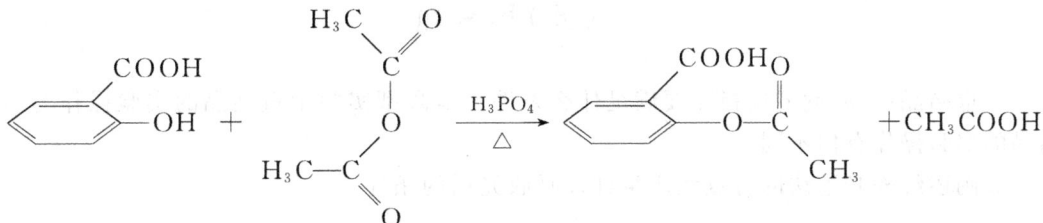

反应中磷酸为催化剂。酚类物质与 $FeCl_3$ 溶液能发生颜色反应，由于酚结构不同从而显示不同的颜色，可利用这一性质检验乙酰水杨酸中是否混有未反应的水杨酸。

（三）实 验 仪 器 和 药 品

1. 实验仪器

实验所需仪器见下表：

名称	规格	单位和数量
烧杯	50 mL	1个
离心试管	5 mL	2个
量筒	5 mL	1个
试管	10 mL	1支
加热板（电炉）	1 000 W	1个

2. 实验药品

水杨酸、乙酸酐、磷酸(85%)、蒸馏水、冰、FeCl$_3$溶液(1%)。

(四)实验内容与步骤

(1)在 50 mL 烧杯中加入 25 mL 水,置于电炉上加热至 70~80℃,作为水浴备用。

(2)称取 0.23 g 水杨酸于 10 mL 试管中,加入 25 滴乙酸酐和 1 滴 85% 的磷酸混匀。

(3)将试管置于上述水浴中加热 15 min。

(4)取出试管,向其中加入 1.5 mL 蒸馏水,冷却至室温,直到溶液中有结晶生成,将试管置于冰水浴中冷却,使完全沉淀。

(5)过滤后用少量冷水洗涤,用 0.7 mL 乙醇和 2 mL 去离子水的混合溶液重结晶(在离心试管中进行)。

(6)离心分离,将所得重结晶产物烘干称重并计算产率①。

(7)取少量产品放在点滴板上,加 1 滴 1% 的 FeCl$_3$ 溶液,观察有无颜色反应,以检验产品的纯度。

(8)取少量产品,在显微熔点仪上测其熔点并与其标准值比较。

(9)取 2~3 mg 产品,利用 KBr 压片法压片,在红外光谱仪上扫描其红外光谱并与其标准图谱比较。

(五)思 考 题

1.重结晶中,溶剂的选择需要满足什么条件? 本微型实验中重结晶的实验操作与常规重结晶的实验操作有何不同?

2.阐述红外光谱法的特点和产生红外吸收光谱的条件。

---

① 测定熔点前,晶体必须充分干燥,否则测定的熔点会偏低。固体干燥的方法有空气中晾干、烘干、用滤纸吸干、置于干燥器中干燥等,要根据重结晶所用溶剂及结晶的性质来选择。本实验中可将重结晶产物置于红外灯下烘干。

附　　录

附录一　化学试剂的规格及其选用

化学试剂等级规格的划分,各国均不一样,尤其是在国外,有些国家各个厂家的规格等级也常不一致,这就给购买和选用带来一定的困难。

我国全国统一的试剂规格等级划分可参阅下表:

全国统一化学试剂 规格等级质量标准	一级品	二级品	三级品	四级品
我国习惯上的等级及其符号	保证试剂 G. R.	分析试剂 A. R.	化学纯 C. P.	实验试剂 L. R.
质 量	纯度很高	纯度较高	纯度不高	纯度较差
使用范围	精确分析 及研究用	一般分析 及研究用	工业分析及 化学实验用	化学实验 可用
瓶签标志颜色	绿 色	红 色	蓝 色	黑(黄)色

除了表中所列的 4 种规格的化学试剂外,其他规格的化学试剂尚有有机分析试剂(O. A. R),微量分析试剂(M. A. R),标准物质(S. S),光谱纯(Spedpure),特纯(E. P),指示剂(Ind),工业试剂,医用试剂等。

在大学化学实验中,多数选用化学纯(C. P.)试剂,也采用一些实验试剂(L. R.)。只有在极少数特别要求情况下,才选用二级试剂以至一级试剂。同样对四级以下的工业试剂等也很少采用。

附录二　常用酸碱溶液的密度和浓度(15℃)

溶液名称	密度 $\rho/(g \cdot mL^{-1})$	质量分数/(%)	(物质的量)浓度 $c/(mol \cdot L^{-1})$
浓硫酸 H_2SO_4	1.84	95～96	18
稀硫酸 H_2SO_4	1.18	25	3
稀硫酸 H_2SO_4	1.06	9	1
浓盐酸 HCl	1.19	38	12
稀盐酸 HCl	1.10	20	6
稀盐酸 HCl	1.03	7	2
浓硝酸 HNO_3	1.40	65	14

续　表

溶液名称	密度 $\rho/(g \cdot mL^{-1})$	质量分数/(%)	(物质的量)浓度 $c/(mol \cdot L^{-1})$
稀硝酸 HNO_3	1.20	32	6
稀硝酸 HNO_3	1.07	12	2
浓磷酸 H_3PO_4	1.7	85	15
稀磷酸 H_3PO_4	1.05	9	1
稀高氯酸 $HClO_4$	1.12	19	2
浓氢氟酸 HF	1.13	40	23
氢溴酸 HBr	1.38	40	7
氢碘酸 HI	1.70	57	7.5
冰醋酸 CH_3COOH	1.05	99~100	17.5
稀醋酸 CH_3COOH	1.04	35	6
稀醋酸 CH_3COOH	1.02	12	2
浓氢氧化钠 $NaOH$	1.36	33	11
稀氢氧化钠 $NaOH$	1.09	8	2
浓氨水 $NH_3(aq)$	0.88	35	18
浓氨水 $NH_3(aq)$	0.91	25	13.5
稀氨水 $NH_3(aq)$	0.96	11	6
稀氨水 $NH_3(aq)$	0.99	3.5	2

附录三　常见离子的颜色

1. 以下阳离子无色

Ag^+，Cd^{2+}，K^+，Ca^{2+}，As^{3+}（在溶液中主要以 AsO_3^{3-} 存在），Pb^{2+}，Zn^{2+}，Na^+，Sr^{2+}，As^{5+}（在溶液中几乎全部以 AsO_4^{3-} 存在），Hg^{2+}，Bi^{3+}，NH_4^+，Ba^{2+}，Sb^{3+}，Sb^{5+}（主要以 $SbCl_6^-$ 或 $SbCl^{4+}$ 存在），Hg^{2+}，Mg^{2+}，Al^{3+}，Sn^{2+}，Sn^{4+}。

2. 以下阳离子有色

Mn^{2+} 呈浅玫瑰色（稀溶液中无色），Fe^{3+} 呈黄色或红棕色，Fe^{2+} 呈浅绿色（稀溶液中无色），Cr^{3+} 呈绿色或紫色，Co^{2+} 呈玫瑰色，Ni^{2+} 呈绿色，Cu^{2+} 呈浅蓝色。

3. 以下阴离子无色

SO_4^{2-}，PO_4^{3-}，F^-，SCN^-，$C_2O_4^{2-}$，MoO_4^{2-}，SO_3^{2-}，Cl^-，NO_3^-，S^{2-}，$S_2O_3^{2-}$，Br^-，NO_2^-，ClO_3^-，CO_3^{2-}，SiO_3^{2-}，HCO_3^{2-}，PbI_4^{2-}。

4. 以下阴离子有色

$Cr_2O_7^{2-}$ 呈橙色，CrO_4^{2-} 呈黄色，CrO_2^- 呈绿色，MnO_4^- 呈紫红色，MnO_4^{2-} 呈绿色，$[Fe(CN)_6]^{3-}$ 呈红棕色，$[Fe(CN)_6]^{4-}$ 呈黄绿色，$[CuCl_4]^{2-}$ 呈黄色。

附录四　国际相对原子质量

原子序数	元素符号	元素名称		相对原子质量	原子序数	元素符号	元素名称		相对原子质量
1	H	氢	Hydrogen	1.008	41	Nb	铌	Niobium	92.91
2	He	氦	Helium	4.003	42	Mo	钼	Molybdenum	95.94
3	Li	锂	Lithium	6.941	43	^{99}Tc	锝	Technetium	98.9
4	Be	铍	Beryllium	9.012	44	Ru	钌	Ruthenium	101.1
5	B	硼	Boron	10.81	45	Rh	铑	Rhodium	102.9
6	C	碳	Carbon	12.01	46	Pd	钯	Palladium	106.4
7	N	氮	Nitrogen	14.007	47	Ag	银	Silver	107.9
8	O	氧	Oxygen	15.999	48	Cd	镉	Cadmium	112.4
9	F	氟	Fluorine	18.998	49	In	铟	Indium	114.8
10	Ne	氖	Neon	20.18	50	Sn	锡	Tin	118.7
11	Na	钠	Sodium	22.99	51	Sb	锑	Antimony	121.8
12	Mg	镁	Magnesium	24.305	52	Te	碲	Tellurium	127.6
13	Al	铝	Aluminum	26.98	53	I	碘	Iodine	126.9
14	Si	硅	Silicon	28.09	54	Xe	氙	Xenon	131.3
15	P	磷	Phosphorus	30.97	55	Cs	铯	Cesium	132.9
16	S	硫	Sulfur	32.07	56	Ba	钡	Barium	137.3
17	Cl	氯	Chlorine	35.45	57	La	镧	Lanthanum	138.9
18	Ar	氩	Argon	39.95	58	Ce	铈	Cerium	140.1
19	K	钾	Potassium	39.10	59	Pr	镨	Praseodymium	140.9
20	Ca	钙	Calcium	40.08	60	Nd	钕	Niobium	144.2
21	Sc	钪	Scandium	44.96	61	^{145}Pm	钷	Promethium	144.9
22	Ti	钛	Titanium	47.87	62	Sm	钐	Samarium	150.4
23	V	钒	Vanadium	50.94	63	Eu	铕	Europium	152.0
24	Cr	铬	Chromium	52.00	64	Gd	钆	Gadolinium	157.3
25	Mn	锰	Manganese	54.94	65	Tb	铽	Terbium	158.9
26	Fe	铁	Iron	55.845	66	Dy	镝	Dysprosium	162.5
27	Co	钴	Cobalt	58.93	67	Ho	钬	Holmium	164.9
28	Ni	镍	Nickel	58.69	68	Er	铒	Erbium	167.3
29	Cu	铜	Copper	63.55	69	Tm	铥	Thulium	168.9
30	Zn	锌	Zinc	65.39	70	Yb	镱	Ytterbium	173.0
31	Ga	镓	Gallium	69.72	71	Lu	镥	Lutetium	175.0
32	Ge	锗	Germanium	72.61	72	Hf	铪	Hafnium	178.5
33	As	砷	Arsenic	74.92	73	Ta	钽	Tantalum	180.9
34	Se	硒	Selenium	78.96	74	W	钨	Tungsten	183.8
35	Br	溴	Bromine	79.90	75	Re	铼	Rhenium	186.2
36	Kr	氪	Krypton	83.80	76	Os	锇	Osmium	190.2
37	Rb	铷	Rubidium	85.47	77	Ir	铱	Iridium	192.2
38	Sr	锶	Strontium	87.62	78	Pt	铂	Platinum	195.1
39	Y	钇	Yttrium	88.91	79	Au	金	Gold	197.0
40	Zr	锆	Zirconium	91.22	80	Hg	汞	Mercury	200.6

附录五 常用酸碱指示剂及其配制方法

指示剂	变色范围/pH	颜色变化	配制方法
百里酚蓝	1.2~2.8	红—黄	0.1 g 于 21.5 mL 0.01 mol·L^{-1}NaOH+228.5 mL H_2O 中
甲基橙	3.2~4.4	红—黄	0.01%水溶液
甲基红	4.8~6.0	红—黄	0.02 g 于 60 mL 乙醇+40 mL 水中
溴百里酚蓝	6.0~7.6	黄—蓝	0.1 g 于 16 mL 0.01 mol·L^{-1}NaOH+234 mL H_2O 中
酚酞	8.2~10.0	无色—粉红	0.05 g 于 50 mL 乙醇+50 mL 水中
酚红	6.6~8.0	黄—红	0.1 g 于 28.2 mL 0.01 mol·L^{-1}NaOH+221.8 mL H_2O 中
百里酚酞	9.4~10.6	无色—蓝	0.04 g 于 50 mL 乙醇+50 mL 水中

附录六 标准电极电势(25℃)

电对(氧化态/还原态)	电极反应(a 氧化态+ne=b 还原态)	$\varphi^{\ominus}$ / V
K^+ / K	$K^+ + e = K$	−2.931
Ca^{2+} / Ca	$Ca^{2+} + 2e = Ca$	−2.868
Na^+ / Na	$Na^+ + e = Na$	−2.71
Mg^{2+} / Mg	$Mg^{2+} + 2e = Mg$	−2.372
Al^{3+} / Al	$Al^{3+} + 3e = Al$	−1.662
Mn^{2+} / Mn	$Mn^{2+} + 2e = Mn$	−1.185
H_2O / H_2	$2H_2O + 2e = H_2 + 2OH^-$	−0.827 7(碱性溶液中)
Zn^{2+} / Zn	$Zn^{2+} + 2e = Zn$	−0.761 8
Fe^{2+} / Fe	$Fe^{2+} + 2e = Fe$	−0.447
Cd^{2+} / Cd	$Cd^{2+} + 2e = Cd$	−0.403 0
Co^{2+} / Co	$Co^{2+} + 2e = Co$	−0.28
Ni^{2+} / Ni	$Ni^{2+} + 2e = Ni$	−0.257
Sn^{2+} / Sn	$Sn^{2+} + 2e = Sn$	−0.137 5
Pb^{2+} / Pb	$Pb^{2+} + 2e = Pb$	−0.126 2
Fe^{3+} / Fe	$Fe^{3+} + 3e = Fe$	−0.037
H^+ / H_2	$H^+ + e = (1/2) H_2$	0.000
$S_4O_6^{2-}$ / $S_2O_3^{2-}$	$S_4O_6^{2-} + 2e = 2S_2O_3^{2-}$	+0.08
S / H_2S	$S + 2H^+ + 2e = H_2S$	+0.142
Sn^{4+} / Sn^{2+}	$Sn^{4+} + 2e = Sn^{2+}$	+0.151
SO_4^{2-} / H_2SO_3	$SO_4^{2-} + 4H^+ + 2e = H_2SO_3 + H_2O$	+0.172

续　表

电对(氧化态/还原态)	电极反应(a 氧化态 + ne = b 还原态)	$\varphi^{\ominus}$ / V
$AgCl / Ag$	$AgCl + e = Ag + Cl^-$	$+0.222\ 33$
Hg_2Cl_2 / Hg	$Hg_2Cl_2 + 2e = 2Hg + 2Cl^-$	$+0.268\ 08$
Cu^{2+} / Cu	$Cu^{2+} + 2e = Cu$	$+0.341\ 9$
O_2 / OH^-	$(1/2)O_2 + H_2O + 2e = 2OH^-$	$+0.401$(碱性溶液中)
Cu^+ / Cu	$Cu^+ + e = Cu$	$+0.521$
I_2 / I^-	$I_2 + 2e = 2I^-$	$+0.535\ 5$
$I_3^- / 3I^-$	$I_3^- + 2e = 3I^-$	$+0.536$
O_2 / H_2O_2	$O_2 + 2H^+ + 2e = H_2O_2$	$+0.695$
Fe^{3+} / Fe^{2+}	$Fe^{3+} + e = Fe^{2+}$	$+0.771$
Hg_2^{2+} / Hg	$(1/2)Hg_2^{2+} + e = Hg$	$+0.797\ 3$
Ag^+ / Ag	$Ag^+ + e = Ag$	$+0.799\ 6$
Hg^{2+} / Hg	$Hg^{2+} + 2e = Hg$	$+0.851$
NO_3^- / NO	$NO_3^- + 4H^+ + 3e = NO + 2H_2O$	$+0.957$
HNO_2 / NO	$HNO_2 + H^+ + e = NO + H_2O$	$+0.983$
Br_2 / Br^-	$Br_2 + 2e = 2Br^-$	$+1.087\ 3$
MnO_2 / Mn^{2+}	$MnO_2 + 4H^+ + 2e = Mn^{2+} + 2H_2O$	$+1.224$
O_2 / H_2O	$O_2 + 4H^+ + 4e = 2H_2O$	$+1.229$
$Cr_2O_7^{2-} / Cr^{3+}$	$Cr_2O_7^{2-} + 14H^+ + 6e = 2Cr^{3+} + 7H_2O$	$+1.232$
Cl_2 / Cl^-	$Cl_2 + 2e = 2Cl^-$	$+1.358\ 27$
MnO_4^- / Mn^{2+}	$MnO_4^- + 8H^+ + 5e = Mn^{2+} + 4H_2O$	$+1.507$
H_2O_2 / H_2O	$H_2O_2 + 2H^+ + 2e = 2H_2O$	$+1.776$
$S_2O_8^{2-} / SO_4^{2-}$	$S_2O_8^{2-} + 2e = 2SO_4^{2-}$	$+2.010$
F_2 / F^-	$F_2 + 2e = 2F^-$	$+2.866$

注：由于溶液的酸碱影响许多电对的电极电势，所以一般标准电极电势表分酸表和碱表。表中的标准电极电势除 O_2 / OH^- 和 H_2O / H_2 电对的电极电势外，其他皆为酸性溶液中的氢标准电极电势。数据录自 David R. Lide，*CRC Handbook of chemistry and Physics*，77th Ed.，CRC Press，1996 - 1997。

附录七　不同温度下水蒸气的压力

温度 / K	压力 / kPa	温度 / K	压力 / kPa	温度 / K	压力 / kPa
273.15	0.610 3	307.15	5.322 9	341.15	28.576
274.15	0.657 2	308.15	5.626 7	342.15	29.852
275.15	0.706 0	309.15	5.945 3	343.15	31.176
276.15	0.758 1	310.15	6.279 5	344.15	32.549
277.15	0.813 6	311.15	6.629 8	345.15	33.972
278.15	0.872 6	312.15	6.996 9	346.15	35.448
279.15	0.935 4	313.15	7.381 4	347.15	36.978
280.15	1.002 1	314.15	7.784 0	348.15	38.563
281.15	1.073 0	315.15	8.205 4	349.15	40.205
282.15	1.148 2	316.15	8.646 3	350.15	41.905
283.15	1.228 1	317.15	9.107 5	351.15	43.665
284.15	1.312 9	318.15	9.589 8	352.15	45.487
285.15	1.402 7	319.15	10.094	353.15	47.373
286.15	1.497 9	320.15	10.620	354.15	49.324
287.15	1.598 8	321.15	11.171	355.15	51.342
288.15	1.705 6	322.15	11.745	356.15	53.428
289.15	1.818 5	323.15	12.344	357.15	55.585
290.15	1.938 0	324.15	12.970	358.15	57.815
291.15	2.064 4	325.15	13.623	359.15	60.119
292.15	2.197 8	326.15	14.303	360.15	62.499
293.15	2.338 8	327.15	15.012	361.15	64.958
294.15	2.487 7	328.15	15.752	362.15	67.496
295.15	2.644 7	329.15	16.522	363.15	70.117
296.15	2.810 4	330.15	17.324	364.15	72.823
297.15	2.985 0	331.15	18.159	365.15	75.614
298.15	3.169 0	332.15	19.028	366.15	78.494
299.15	3.362 9	333.15	19.932	367.15	81.465
300.15	3.567 0	334.15	20.873	368.15	84.529
301.15	3.781 8	335.15	21.851	369.15	87.688
302.15	4.007 8	336.15	22.868	370.15	90.945
303.15	4.245 5	337.15	23.925	371.15	94.301
304.15	4.495 3	338.15	25.022	372.15	97.759
305.15	4.757 8	339.15	26.163	373.15	101.325
306.15	5.033 5	340.15	27.347		

附录八　一些配离子的稳定常数

配离子	$\dfrac{K_{稳}}{[K_{稳}]}$	$\lg\dfrac{K_{稳}}{[K_{稳}]}$
$[Ag(CN)_2]^-$	1.26×10^{21}	21.2
$[Ag(NH_3)_2]^+$	1.12×10^7	7.05
$[Ag(S_2O_3)_2]^{3-}$	2.89×10^{13}	13.46
$[AgCl_2]^-$	1.10×10^5	5.04
$[AgBr_2]^-$	2.14×10^7	7.33
$[AgI_2]^-$	5.50×10^{11}	11.74
$[Ag(py)_2]^+$	1.0×10^{10}	10.0
$[Co(NH_3)_6]^{2+}$	1.29×10^5	5.11
$[Cu(CN)_2]^-$	1.00×10^{24}	24.0
$[Cu(SCN)_2]^-$	1.52×10^5	5.18
$[Cu(NH_3)_2]^+$	7.24×10^{10}	10.86
$[Cu(NH_3)_4]^{2+}$	2.09×10^{13}	13.32
$[Cu(P_2O_7)_2]^{6-}$	1.0×10^9	9.0
$[FeF_6]^{3-}$	2.04×10^{14}	14.31
$[Fe(CN)_6]^{3-}$	1.0×10^{42}	42
$[Hg(CN)_4]^{2-}$	2.51×10^{41}	41.4
$[HgI_4]^{2-}$	6.76×10^{29}	29.83
$[HgBr_4]^{2-}$	1.0×10^{21}	21.00
$[HgCl_4]^{2-}$	1.17×10^{15}	15.07
$[Ni(NH_3)_6]^{2+}$	5.50×10^8	8.74
$[Ni(en)_3]^{2+}$	2.14×10^{18}	18.33
$[Zn(CN)_4]^{2-}$	5.0×10^{16}	16.7
$[Zn(NH_3)_4]^{2+}$	2.87×10^9	9.46
$[Zn(en)_2]^{2+}$	6.76×10^{10}	10.83

附录九 各种压力下水的沸点

p/kPa	t_b/℃	p/kPa	t_b/℃
0.611	0.01(三相点)	506.6	151.1
50.66	80.9	1 013.3	179.0
101.3	100.0	1 519.9	197.4
202.7	119.6	2 026.5	211.4
304.0	132.9	2 533.1	222.9
405.3	142.9	22 120.0	374.1(临界温度)

附录十 水的密度

T/℃	ρ/(g·mL^{-1})	T/℃	ρ/(g·mL^{-1})
−10	0.998 12	40	0.992 21
−5	0.999 27	50	0.988 04
0	0.999 64	60	0.983 21
4	0.999 97	70	0.977 78
5	0.999 96	80	0.971 80
10	0.999 70	85	0.968 62
18	0.998 59	90	0.965 34
20	0.998 20	95	0.961 89
25	0.997 04	100	0.958 35
30	0.995 64	110	0.950 97

注：数据摘自 *Lange's Handbook of Chemistry*，11th Ed.，并按 1 atm＝101.325 kPa 加以换算。

附录十一 缓冲溶液的 pH 与温度关系对照表

温度 / ℃	0.005 mol·kg^{-1} 邻苯二甲酸氢钾	0.025 mol·kg^{-1} 混合物磷酸盐	0.01 mol·kg^{-1} 四硼酸钠
5	4.00	6.95	9.39
10	4.00	6.92	9.33
15	4.00	6.90	9.28
20	4.00	6.88	9.23
25	4.00	6.86	9.18
30	4.01	6.85	9.14
35	4.02	6.84	9.11
40	4.03	6.84	9.07
45	4.04	6.84	9.04
50	4.06	6.83	9.03

附录十二　一些常见弱电解质的解离常数(298.15K)

电解质	化学式	解离平衡	解离常数
醋酸	CH_3COOH	$CH_3COOH = H^+ + CH_3COO^-$	$K_a = 1.74 \times 10^{-5}$
碳酸	H_2CO_3	$H_2CO_3 = H^+ + HCO_3^-$ $HCO_3^- = H^+ + CO_3^{2-}$	$K_{a1} = 4.47 \times 10^{-7}$ $K_{a2} = 4.68 \times 10^{-11}$
氢硫酸	H_2S	$H_2S = H^+ + HS^-$ $HS^- = H^+ + S^{2-}$	$K_{a1} = 8.91 \times 10^{-8}$ $K_{a2} = 1.0 \times 10^{-19}$
草酸	$H_2C_2O_4$	$H_2C_2O_4 = H^+ + HC_2O_4^-$ $HC_2O_4^- = H^+ + C_2O_4^{2-}$	$K_{a1} = 5.89 \times 10^{-2}$ $K_{a2} = 6.46 \times 10^{-5}$
磷酸	H_3PO_4	$H_3PO_4 = H^+ + H_2PO_4^-$ $H_2PO_4^- = H^+ + HPO_4^{2-}$ $HPO_4^{2-} = H^+ + PO_4^{3-}$	$K_{a1} = 6.92 \times 10^{-3}$ $K_{a2} = 6.17 \times 10^{-8}$ $K_{a3} = 4.79 \times 10^{-13}$
氨	NH_3	$NH_3 + H_2O = NH_4^+ + OH^-$	$K_b = 1.78 \times 10^{-5}$
苯胺	$C_6H_5NH_2$	$C_6H_5NH_2 + H_2O = C_6H_5NH_3^+ + OH^-$	$K_b = 4.2 \times 10^{-10}$

附录十三　一些常见物质的溶度积(298.15K)

难溶物质	溶度积	难溶物质	溶度积
AgCl	1.77×10^{-10}	$Fe(OH)_3$	2.64×10^{-39}
AgBr	5.35×10^{-13}	$Fe(OH)_2$	4.87×10^{-17}
AgI	8.51×10^{-17}	$Mg(OH)_2$	5.61×10^{-12}
Ag_2CrO_4	1.12×10^{-12}	$Mn(OH)_2$	2.06×10^{-13}
Ag_2S	$6.69 \times 10^{-50} (\alpha)$	MnS	4.65×10^{-14}
	$1.09 \times 10^{-49} (\beta)$	ZnS	2.93×10^{-25}
CuS	1.27×10^{-36}	CdS	1.40×10^{-29}

附录十四　一些常数的符号、数值和 SI 单位

物理量	符号	数值	单位
基本电荷	e	1.6022×10^{-19}	C
电子静止质量	m_e	9.10938×10^{-31}	kg
质子静止质量	m_p	1.67262×10^{-27}	kg
真空中的光速	c, c_0	2.9979×10^8	$m \cdot s^{-1}$
真空磁导率	μ_0	$4\pi \times 10^{-7} = 12.56637 \times 10^{-7}$	$N \cdot A^{-2}$
真空电容率,$1/(\mu_0 c^2)$	ε_0	$8.854187817 \times 10^{-12}$	$F \cdot m^{-1}$
普朗克常数	h	6.626069×10^{-34}	$J \cdot s$
里德堡常数	R_∞	1.0974×10^7	m^{-1}
阿伏伽德罗常数	N_A	6.02214×10^{23}	mol^{-1}
法拉第常数	F	9.648534×10^4	$C \cdot mol^{-1}$
摩尔气体常数	R	8.31447	$J \cdot mol^{-1} \cdot K^{-1}$
玻耳兹曼常数	k	1.38065×10^{-23}	$J \cdot K^{-1}$

参 考 文 献

［1］ 西北工业大学普通化学教学组. 普通化学. 西安:西北工业大学出版社,2013.

［2］ 西北工业大学普通化学教研室. 大学化学实验.2 版. 西安:西北工业大学出版社,2005.

［3］ 浙江大学普通化学教研组. 普通化学.6 版.北京:高等教育出版社,2011.

［4］ 北京大学化学与分子工程学院普通化学实验教学组. 普通化学实验.3 版.北京:北京大学出版社,2012.

［5］ 杨勇,顾金英,温鸣,等.普通化学实验.上海:同济大学出版社,2009.